文經文庫 290

彼得·杜拉克的管理DNA

詹文明◎著

文經社
COSMAX
PUBLISHING Co.
Since 1981
Taiwan

自序

有趣、有味、有感、有悟的學習之旅

詹文明

自幼對「人」就比對「事」更感興趣，尤其對有關「人的故事」更加著迷。近二百本的人物傳記，陪我走過半個世紀。

為什麼傳記特別吸引著我呢？因為世上沒有兩個人的生平會完全一樣，生命的亮點也不相同，所以讀來十分有趣。

跟恩師杜拉克結緣近半個世紀，真正投入研究、實踐、傳播、寫作、授課、諮詢、劇本撰寫也已三十多年了。回憶過往，恩師影響了我的核心價值觀、啟蒙我的思想、啟迪我的心智、拓展我的格局、改變我的行為，最終還改變了我的宗教信仰。

為何杜拉克能給世人這麼大的影響？為何他的管理學能改變這個世界呢？究竟我們能從他那裡獲得什麼實質幫助？怎麼學習才會更有效？透過寫作這本書，我找到了一條快速有效的捷徑，而且這還是一次有趣、有味、有感、有悟的學習之旅。

也就因為如此，雖然坊間已出現多本有關杜拉克的類似傳記：諸如《旁觀者》、《大師的軌跡》、《杜拉克，開創企業社會的人》、《杜拉克最後的一堂課》等，但我依然堅持要寫這本《彼得・杜拉克的管理ＤＮＡ》。

其實恩師去世後不久，文經社就出版了拙作《彼得・杜拉克這樣教我的》，那是以第一人稱觀點，把我從他那裡學到的管理學經驗，用最淺白的方式與讀者分享，獲得了不少謬賞，在銷量上也差堪告慰。

但我這些年來，仍不斷嘗試以恩師的生平小故事，剖析杜拉克管理學的核心思想，盼望讀者也能與我一樣，從這些小故事裡認識真正的杜拉克。因為故事本身就會說話，我希望讓故事來帶領著我們走近杜拉克、穿透杜拉克、體悟杜拉克。

為了讓廣大讀者更認識「管理學」，我將恩師杜拉克的一生，歸納成一百句箴言與一百個小故事。這些杜拉克所說的話與他所做的事，用在個人的職場進修與企業的策劃管理，都是淺白通用。

若是沒有杜拉克，就不會有現代管理學。杜拉克的一言一行，以及他身上所自然散發的魅力，其實也就是每個管理人該有的ＤＮＡ。

我與其他杜拉克的門生們討論後，才將本書定名為《彼得・杜拉克的管理ＤＮＡ》，盼望讀者看了本書後，也能與我一樣，「走進大師的課堂，聆聽大師的教誨」。

[目次]

Part 2 工作DNA

Part 3 組織DNA

Part 4 人文DNA

Part 5 決策DNA

Part 1

學習DNA

對今天的知識工作者而言：
「思考」就是工作，也是學習，
這也是「學中做，做中學」的歷程。
管理人必須效法杜拉克，
靠著「充分開放」的胸襟與態度，
不自己設限，又能賞識不同的知識，
最終練就了「只要連貫」的特殊能力，
這就是管理人需要具有的「學習DNA」。

管理，就必須堅持做個旁觀者

思考，不是像鏡子般的反射，而是一種三稜鏡似的折射。

談到「管理學」，從二戰結束之後，無論東西方國家，也不管領土大小或政治體制，人們第一個會想到的人物，必然是我的恩師彼得．杜拉克。他生前就被全球各國產官學界一致譽為管理學界「大師中的大師」。在他之前，這世上沒有「管理學」一詞；在他之後，現代管理學也才應運而生。

杜拉克一生有關管理學的著作甚多，但在晚年寫回憶錄時，卻堅持定名為《旁觀者》。雖然他自己認為：「這本書並不是我最重要的著作，卻是我自己最喜愛的一本。」但我與恩師的其他入室弟子卻都堅信，這本《旁觀者》才是恩師的壓卷之作。

無論世界局勢如何變化，個人與企業管理的「戲」永遠必須唱下去。而杜拉克一生也始終強調，自己在人生舞台上是毫無戲分，甚至連觀眾都不是。他形容自己的角色定位，就像在從前歐洲的劇場裡規定，每次演出前都要等兩位壯碩的消防隊員，先在後台坐定之後，台前才可以開演。

為什麼會有這種奇怪的規定？原來演員與觀眾都可能專心於演出與欣賞，以致劇場內哪裡發生火災了都沒發現。所以消防隊員的責任不是演戲，也不是看戲，而是要整場不停地用目光巡視劇場裡的每個角落，一發現火光就立刻暫停演出，並且設法撲滅火苗或疏散觀眾。

所以，消防隊員必須坐在別人目光所無法見到的地方，而且這兩人必須連演員或觀眾也不是，這樣他們才可以從不同的角度去看，並且要反覆思考。他們的思索，也不是像鏡子般的反射，而是一種三稜鏡似的折射，不容任何角落被忽略。

杜拉克會有這樣的另類思考，時間要拉回他年幼時的一次大戰期間，奧地利爆發了第一宗「發國難財」的醜聞。當時歐洲各國都因戰亂而短缺糧食，所以各國政府也都立法管制食物買賣，實施配給制。

但首都維也納有位名叫克倫茲的餐廳老闆，卻在自己經營的高級餐廳裡，繼續供應上等肉類給客人，當然這些肉都是克倫茲從黑市買來的。而且他烹煮之後，仍按照每個人可得的配額出售，也就是依法向客戶收取等值的糧票，並沒有從客戶那裡謀取暴利。

年僅八歲的杜拉克，在一場上流社會為這些孩子舉辦的耶誕派對上，遇到一位小孩要他解釋「克倫茲事件」，當大家異口同聲在批評奸商哄抬物價與發國難財時，他卻認為商家實踐承諾、顧客認同商品價值是天經地義。當他慷慨激昂地為克倫茲辯護時，儼然像個「縮小版」的辯護律師。他讚美大家所抨擊的「人民公敵」克倫茲說：

「我認為克倫茲的行為令人敬佩！他提供客戶期待的東西，也遵守自己的承諾，讓客戶每一分錢都花得值得，何罪之有呢？」

隔壁間有位伯伯聽見後，便把他拉到一旁說：「孩子，你的觀點很有意思，我從來沒聽過有人這麼說。……不過，你不要覺得伯伯在批評你。你對克倫茲的看法或許沒錯，但現在卻只有你一個人這麼想。如果你要做個特立獨行的人，一定要有技巧，而且要很小心。伯伯建議你注意自己的行為，多為自己想想，驚世駭俗是不可取的喔！」

小學時的杜拉克，就已經有了「旁觀者」的潛質。進了中學之後，這種潛質就更加洋溢。那時社會主義的狂潮席捲歐洲各國，杜拉克起初也與同學一起投入社會主義青年軍運動。一九二三年十一月十一日，大雪紛飛的維也納，民眾們自發舉行「共和日」大遊行。還差八天才滿十四歲的杜拉克，竟被大家挑中，成為遊行隊伍最前端舉大旗的人，這是當地學生夢寐以求的任務。

當他威風凜凜舉著大旗，走在遊行隊伍的最前端，後面的學生與民眾，則以十二個為一列，齊步跟著他走，街道兩旁不斷有人加入遊行隊伍。然而，他突然感受到身後整齊的步伐聲，源源而來的人潮與劃一的動作，好像對他施了魔法，讓他停不下來。他的內心似乎有個細微的聲音告訴他：「我不屬於這群人。」

幾秒鐘後，他一語不發，把手中旗幟交給身後一個高壯學生，隨即脫離隊伍，轉頭回家。成年後的杜拉克，又多次背叛別人眼中的「成功」。晚年時他回憶說：「在這一天，我發現自己不屬於那一群人，我知道自己是個『旁觀者』了。」

也不知是巧合抑或是上天刻意的安排，八十二年後的同一天，即二〇〇五年十一月十一日上午八時，他在家中悄悄地去世。這八十二年裡，杜拉克秉持著一貫的精神，就是不畏異樣眼光，寧可做個旁觀者，堅持冷靜旁觀、務實中道，對人類終極關懷，直到他人生的盡頭。

他極其謙卑，連教授的頭銜都不要，更別說是「大師」、「管理大師」、「管理學教父」或「大師中的大師」等封號，這些尊稱在他看來是一文不值，甚至他形容這些頭銜是個「髒字」（Dirty words），他唯一可以接受的就只是「社會生態學者」(Social ecologist) 而已。

自我角色的定位何其難？絕大多數的人，根本就不曉得該如何自我定位，也不知道人生定位的重要性，只好一味跟著旁人追求名利，享受權力。這位未滿十四歲的少年，卻能自覺自己是不折不扣的「旁觀者」。經過八十二年後，還能一再擋住外界的誘惑、內心的煎熬、家人的挑戰以及肉體的軟弱……等，他所定位的「旁觀者」，值得我們沉思與省察，因為只有不斷從不同的角度去察驗，才能洞悉事物的本質。

成效，就是練習、練習、再練習

追求成效、獲得成果，是一種習慣而非天分。

杜拉克喜歡音樂，是我們這些弟子都知道的。在《杜拉克談高效能的五個習慣》裡就曾提到：「我童年時的鋼琴老師，曾經生氣地對我說：『不管你再怎麼練習，也不能學得像阿圖・許納貝爾（Artur Schnabel）彈莫札特的曲子那樣高明。不過，你沒有理由不像許納貝爾那樣練習音階』。」

杜拉克童年時生長在號稱「音樂之都」的維也納，但在音樂上影響杜拉克最大的人，卻不是他的音樂老師，而是他的奶奶。

老奶奶不到四十歲就已守寡，祖父生前是風流卻精明的銀行家，留給她一筆為數龐大的遺產。雖然杜拉克年幼時，奶奶已百病纏身，健康狀況愈來愈差，卻極少聽她發牢騷；最多也只是感嘆風濕和耳朵不好，害得她不能彈琴與聽音樂。

她年輕時鋼琴彈得極好，曾經是鋼琴演奏家克萊拉・舒曼（Clara Schumann）的學生；還在老師的推薦下，在音樂家布拉姆斯跟前演奏過好幾次，這是她一生中最光榮的一刻。當古斯塔夫・馬勒（Gustav Mahel）於一八九六年職掌維也納歌劇團後不久，也在一次指揮演出時，請她演奏鋼琴來共襄盛舉。

杜拉克說老奶奶彈琴時，從不踩踏板，也不喜歡在彈奏時夾帶著太多的感情。所以當杜拉克在練琴時，她總會坐在一旁，對他說：「不要光彈『樂曲』，要把『音符』彈出來。如果曲子作得好，音樂自然會流瀉出來。」

讓杜拉克畢生難忘、感受至深的是奶奶的記憶超人。有一回他在練習奏鳴曲時，奶奶從隔壁房間走來，跟他說：「把那小節再彈一次。」杜拉克照著她的話做。

「這裡應該是降D大調，你卻彈成了D大調。」

「不過，奶奶，樂譜上明明印著D大調。」

「不可能！」奶奶斬釘截鐵的說。

她把樂譜拿來一看，果然是D大調，於是她就打電話給樂譜的出版商。這位出版商的太太恰巧是她的姪女。奶奶跟他說，他們所出版的海頓奏鳴曲第二冊第幾頁第幾小節，印刷錯誤。出版商承諾會去查證，兩小時後果然回電，讚嘆奶奶明察秋毫。

杜拉克問她：「奶奶，您怎麼知道那兒有錯呢？」

「我怎麼會不知道！」她答道：「我在你這個年紀，就開始彈這首曲子了，而且以前彈琴，一定要背譜的。」

在一九一九年夏天，奶奶忽然宣布，要帶著年幼的杜拉克，穿越多國去匈牙利首都布達佩斯，探訪前年嫁到那裡的大姑姑。

那時第一次世界大戰剛結束，歐洲各國無不剛滿目瘡痍，交通、治安、衛生等等，處處都是問題，家人無不反對。杜拉克父親聽到媽媽要去探訪妹妹時，就很不以為然了，知道她還想帶著孫子一起去，更是暴跳如雷，但又不敢發作，只好問道：「媽媽，為什麼您一定要讓彼得陪您去呢？」

奶奶說：「你不是很清楚嗎？他只有我在一旁時才會練琴。這孩子天分不高，少了兩個禮拜的練習，影響很大喲！」

從小杜拉克對奶奶那種「對人充滿熱誠、對事堅定執著」的風格，就完全了然於胸，而且也全然接納，難怪他能擁有兼具開明爽朗又務實保守的中道精神。

熱愛工作的人，才會有所表現。不是說這些人就會喜歡自己所做的任何事，人人在工作中，都要做不少例行程序。就像無論怎麼偉大的鋼琴家，天天還是要練琴三小時。沒有人會說他喜歡天天練琴，但他就是天天要練。在這三小時裡並不有趣，但杜拉克說自己即使過了四十年後，仍會感受到琴藝的進步。

童年時學琴的經驗，除了讓杜拉克知道反覆定時練習重要，還有另一種收穫。

有一回，杜拉克有幸遇見當時在樂壇知名的奧地利鋼琴家史納白爾，他自知沒有資格當史納白爾的學生，但能在同一教室裡旁聽，已經十分興奮了。真正上課的是一位同學的姐姐莉莉，她在音樂上的稟賦不凡，早已在維也納展開職業演奏生涯了。

但史納白爾聽了她的演奏後卻說：「莉莉，你知道嗎？這兩首曲子，你都彈得好極了。但你並沒有把耳朵真正聽到的彈出來。你彈的是你自以為聽到的。你知道那是假的。如果我聽得出來，聽眾也聽得出來。」

莉莉一臉困惑地看著老師。老師隨即坐在鋼琴前，彈他所聽到的舒伯特。莉莉聽了後突然開竅了，還露出恍然大悟的微笑。

史納白爾這時才說：「好了，現在該你彈吧！」

這次她表現的技巧，並不如剛才那樣令人眩目，就像一個初學鋼琴的孩子，在彈最初階的練習曲一樣，可是天真的味道，卻更令聽者動容。

杜拉克也聽出來了，臉上露出微笑，老師因此轉過身來對杜拉克說：「你也聽到了吧！這次好極了。記住！只要你能彈出自己聽到的，就是把音樂彈出來了。」

這是杜拉克十二歲時的經歷，日後他仍自謙對音樂的天分不夠，無法成為音樂家，但卻從學音樂的過程中，領悟到了「正確的方法，就是去找出有效的方法，且去尋求可以做到的人」。日後杜拉克之所以對「人」有感覺、對「概念」有原創性，就是因為這段經歷，使他對「人性」總是特別敏銳和洞察。

管理學對人類最大的貢獻，就是發掘人之所長，用人之所長，使人性能遠離獸性，進入神性的世界裡，讓人與神連結，為神所用、為人服務，這是音樂家的至高境界，也是管理學的極致表現。

學會如何學習，比你學會了什麼更重要

教學的最終產物，不是老師要得到什麼，而是要問學生究竟學到了什麼。

你的啟蒙老師，其實不一定是你年幼時的老師。如果你遇到的小學老師，只把教學當成例行工作，把你當成生產線上的原料或半成品，這只是製造，不是啟蒙。

杜拉克晚年回憶童年時，最慶幸的一件事，就是遇到了兩位一流的老師，其中一位是校長愛莎小姐，也是他的導師。愛莎小姐性情嚴肅，並不特別喜歡孩子，對照顧小孩當然也沒有多大興趣，她看重的只是他們的學習。所以在第一次見面後，她就能完全記住每個小朋友的名字與特徵；在接下來的一週內，每個學童的性情與長處，她都瞭如指掌。

她為了瞭解孩子學習的成效如何，一連兩、三週進行測驗和考試。接著他要孩子為自己評分，且和同學互相打分數。之後，她會個別會談。輪到四年級的杜拉克時，愛莎小姐先問他：「彼得，你覺得自己在哪些方面表現得較好呢？」等杜拉克回答結束後，愛莎小姐就再問他：「現在你也說說自己表現得不好的地方吧！」

杜拉克把自己的優點與缺點都回報後，愛莎小姐說：「彼得，你的閱讀能力不錯，作文寫得也不錯，我們來設定目標，每週你必須繳交兩篇作文。一篇自由命題；另一篇由老師決定。

另外你的算術能力好極了，只是太粗心，而且不檢查。但你的字，還不只是你所說的很差而已喔！」

她發覺每個孩子的長才，並為他立下短期與長期的努力目標，讓他更上一層樓。接著，再針對每個孩子的短處定下對策，使他在發揮優點的同時，不至於受到短處的限制。

愛莎小姐是標準的蘇格拉底學派，希臘哲人蘇格拉底重視的並不是教的方法，而是學的方式，是一種特別設計的學習法。所以老師要教的不是學科，而是學習方法。學生從老師那裡，若只是學到這一學科的知識，這種「學」是成果有限的，這種「教」也是虛假的。

愛莎小姐善於培養學生自律、自我引導的能力。在教學上，她多半是用鼓勵，而不是批評，但她也不會濫用讚美的言辭，以免失去讚美所帶來的刺激效果。

杜拉克上了中學後，一學年中有八到九個月，心思都不在課業上，而是在自己有興趣的事上，因而被老師警告，再這樣下去會被退學。

杜拉克知道問題嚴重了，趕緊將愛莎小姐給他的那本塵封已久的練習簿找出來，立下目標且組織自己的思考。照著這種有計劃、有目標的方式，努力幾週，他又可以名列班上的前三分之一或四分之一，這也就是他能在二十出頭，就順利取得博士學位的讀書方式。尤其是績效的自我評量，使他在博士論文與口試時，都能輕鬆過關。

杜拉克遇到的另一位啟蒙老師蘇菲小姐，她的主張在當時頗具革命性。原來她要求學生們，男生也要會縫紉與烹飪，而女生也必須學會使用工具，修理東西。這種今天看來很正常的教育理念，在當時卻難免引來家長的反對，但蘇菲小姐仍擇善固執，杜拉克也因此學會了同年紀男性大多不會的生活技能。

杜拉克回憶蘇菲小姐時說：「蘇菲小姐是禪宗大師，擁有天生老師的魅力，她讓學生豁然開悟，將夢想傳達給學生。她總是輕拍我們的頭表示讚許、親吻我們，給我們一句鼓勵和恭賀的話；但她卻從不記得任何一個小朋友的名字，即使大多數的學生已經跟她學了五年的美術和工藝，她還是一律叫我們『孩子』。」

蘇菲小姐總是跑來跑去，不停地在小朋友身邊盤旋，而且絕不會在同一個地方停留太久。她是不用語言教學的，事實上她很少發出聲音。她總是先觀察一會兒，然後把她的手放在我們頭上，或是輕輕地抓著我們的手，蘇菲小姐臉上會露出會意的微笑，這是她表示讚美的唯一方式，但小朋友看了無不高興得飄飄然。」

蘇菲小姐的教育方法，使杜拉克一生都懂得欣賞並尊重工藝，見到乾淨俐落的作品總不免心喜。杜拉克對於這兩位老師如此描述：「她們對我影響之深遠，已到了無可救藥的地步。在我的記憶中，如果沒有這兩位老師，我這一輩子大概都不想教書了。」

二次大戰結束後，杜拉克得知愛莎小姐過著窮困潦倒的日子。於是寄給了她許多日用品包裹，並附上一封打好的信，只有簽名是他的筆跡。

過了些日子，杜拉克收到了愛莎小姐的親筆回信，秀麗的字體與杜拉克十歲時所見到的一樣。但愛莎小姐卻寫著：「你一定是我曾教過杜拉克。因為我教書多年，很少失敗，然而你就是我教學失敗的一個例子。你唯一必須從我這學習的，就是寫好字，可惜你依舊寫不好。」

杜拉克的一生之所以如此偉人，關鍵在於他並不自滿，畢生以謙遜為本、以學習為根本，並懂得欣賞不同領域的專業能力，更有虛心就教於人的胸襟。他以蘇菲小姐的冷靜觀察，作為他顧問諮詢的典範；他也效法愛莎小姐的循循善誘，從事教育工作數十年。

教學的最終產物，不是老師要得到什麼，而是要問學生究竟學到了什麼。身為杜拉克的門生，我能證實他確實做到了。

做對的事，而不僅是把事做對

天底下沒有偉大的策略，只有偉大的組織。

在杜拉克看來，「做對的事」與「把事做對」並不一樣。「做對的事」是要以客觀的成果來界定，但有時很難有標準去衡量，只能以具體的成效來描述。但「把事做對」，則是講求戰術、力行方法、訴求技巧、有賴要領，是可以用數量衡量的。

用杜拉克的管理語言來說：做對事就是「效能」(Effectiveness)。把事做對便是「效率」(Efficiency)。

我們的學校教育常與現實脫節，只能用在筆試，甚至誇張到考試都只能考選擇題，但上過杜拉克的課之後我才驚覺，體驗式的學習與自我成長才是正途。現在的社會裡，絕大多數的人，都是在學校蹲得太久，以致於失去了刺激進步的原動力，因而一事無成。

知識工作者（knowledge worker）不僅是在職場裡，甚至是在學校裡的學生和家庭主婦，以及使用電腦的兒童都是。也就是說，只要能將知識應用到工作上的人，都是知識工作者。

杜拉克高中畢業後，就離開維也納的老家，前往德國漢堡市的一家棉花出口貿易公司擔任儲備人員。他的父親因此十分不悅，原來杜拉克的家族成員向來不是官員，便是教授、律師和醫生。

杜拉克的父親希望他去念大學，但杜拉克卻對「唸書感到厭煩」，一心想工作來證明自己長大了，最終他為了平息父親的生氣，勉強接受父親的建議；進入了德國漢堡大學法學院就讀。

幸好在一九二七年的德國與奧地利，大學的管理還很鬆散，學生是否到課堂裡上課，校方並沒有另外找人點名，只要任課教授有在學生的出席本上簽名即可。所以，學生們都清楚，只需給學校送公文的工友一點好處，請他取得教授簽名就不用上課。

杜拉克上大學時，就在棉花出口貿易公司擔任儲備人員，很少去上課；但工作卻無聊得要死，根本也學不到什麼東西。

杜拉克週一至週五上午七點半上班、下午四點下班，而週六上班到中午。雖然在上班時間，杜拉克擁有許多空閒，但他卻從不浪費。

歐洲城市內的市立圖書館，從週一早上到週五晚上，都能在裡面讀書或借書。因為杜拉克的辦公室，就在漢堡著名的市立圖書館附近，因此他經常都待在圖書館裡。館方也很鼓勵大學生儘量借書，所以杜拉克就利用這十五個月，不斷地閱讀各種各類的德文、英文和法文的書籍。

身為知識工作者的杜拉克，大學時代卻不想待在教室，原因就是他再也找不到像小學四年級時遇到的老師愛莎和蘇菲小姐，以致於對上學興趣缺缺，提不起勁來；可是工作卻又極其無聊且學不到東西。

為了讓父親寬心，他進了漢堡大學法學院就讀，但事實上他還是拒絕上課，其中最大的原因，就是他不願讓學校阻礙了他的成長之路。

杜拉克一邊工作、一邊在圖書館裡埋首閱讀，善用空餘的大量時間，累積了大量的知識，尤其遍及不同的語文，包括德文、英文及法文等的書籍，這對於一位僅僅十八歲的青年來說，可說是奠定了一生的良好基礎，同時也打開了一扇通往多元化思維、多種族文化、多面向價值的智慧之窗。這是自我建教合作的典範，也是當今年輕人的楷模。

培養「問對問題的能力」

管理不在於知，乃在於行；不在邏輯，乃在績效。

「邏輯」是一種思考的訓練，也是建構系統的有力工具。但真正的思考邏輯則是來自於追求真理的結果。

因此唯有通過嚴肅的思考和不斷的自我質疑，你才可能有所進展；否則只是一堆可能的推理和思維，讓你離「真理」愈來愈遙遠，甚至離經叛道而不自知。

杜拉克從小知道自己能寫作，但卻不確定自己是否可以做好研究，以及進行學術性的思考。就在進大學之前，他就想試試自己的能力，如果發現自己不是塊學術料子，就乾脆從商。但要研究什麼呢？

他很清楚自己的興趣是在政府、政治史、政府機關，甚至是經濟方面，但這些課程在歐洲的大學裡，都是法學院在教的科目。因此，他向漢斯姨丈請教。漢斯是著名的法學學者，也是柏克萊首屈一指的法學專家。

杜拉克請問漢斯：「在法律哲學裡最難的問題是什麼呢？」漢斯的答案是：「解釋刑罰的理論基礎。」因此，十六歲的杜拉克就決心研究這個主題，且計畫寫一本解釋清楚刑罰的理論基礎何在。

在當時為了研究此一課題，杜拉克必須要上圖書館。但公立圖書館是美國的理念，在二十世紀初期，歐洲的圖書館還沿襲傳統，僅讓書本入住，卻把人趕出來。

幸好杜拉克很幸運，遇到在國家圖書館任職的托托聶克伯爵，他很高興地讓杜拉克以私人訪客為名，不但允許杜拉克來圖書館，還可以在伯爵辦公室旁空無一人的小房間內，閱讀自己想看的任何一本書。因此杜拉克每天下午放學後就到那兒報到，浸淫在法律哲學和社會學當中。

那是杜拉克第一次接觸到社會學，震撼非比尋常，很快，他就發現為什麼漢斯姨丈會認為法律哲學裡最難的便是刑罰的問題。原來從亞里斯多德、阿奎那、休姆・邊沁及現代的龐德・愛爾利希，共同的結論即是「不管他們對刑罰的認知如何，最終都一致認為還是要有刑罰。」

杜拉克懵懵懂懂地讀了幾週之後，終於得出了一個結論，那些偉人都弄錯了。如果有一打的解釋都有完全不同而且相當清晰的前提，最終的結論卻相同，那麼用最基本的邏輯概念便可理解，因為那些都只是推理，而非解釋，並且偏離了問題。

因此杜拉克做出總結：「對我而言，重點應該不是刑罰。刑罰只是人類社會的一項事實。不論你怎麼為這件事辯解，刑罰還是無所不在。反而需要解是的是『犯罪』。我想，那已超出我的能力範圍了。」

在堆積如山的文獻裡，僅有兩本小冊子和他思考的差不多，而且都是針對「犯罪」而發。作者認為犯罪是資本主義的產物，若干年後，只要社會主義一實現，「犯罪」就不是重大的問題了。杜拉克認為這兩本手冊的寫作還算嚴謹，即使作者只是辯解，沒有解釋清楚，他到底還是洞悉到了真正的問題。

伯爵走進來問杜拉克：「這兩本手冊寫得怎麼樣呢？」杜拉克回道：「所有書籍裡，只有這兩本對於犯罪問題有所解釋。」伯爵似乎對這個答案十分滿意。並微笑著說：「這兩本居然還在這兒，你知道作者是誰嗎？」杜拉克不知道，結果伯爵指著作者的名字說：「你把卡爾・隆特的最後一個字母的 t 搬到最前頭看看。」此時，杜拉克恍然大悟了，原來這是伯爵年輕時用化名寫的書。

想要做正確的事情，必須先學會「問對問題」，而問對問題必先學會「自問自答」，且自問自答必先有大量的思考，盡力思考以及深度思考。唯有如此才能培養出一流的「問對問題的能力」，進而才有可能養成「做對事的能力」。

問題的背後是機會，難題的背後則是能耐。面對問題，尤其是難題，你能做的也就只有有釐清、釐清再釐清，驗證、驗證、再驗證。

不奢求「成功」，但要不斷追求「有效」

知識的唯一功用就是「自覺」。

「自覺」就是自我察覺與認識自己。「察」與「覺」是一體的兩面，如何讓自己認識自我，這真是一門極為艱深的功課。

事實上絕大多數的人，一生裡根本就來不及認識自己，就糊裡糊塗地離開世間了。反之，僅有極少的人，能察覺自個的長處與短處，甚至於敢面對自己所作所為，並懂得自我質疑與批判自己；更稀少的人還能在極年輕時，就有膽識面對缺失、勇於挑戰自己，給予無情地自我批判，使自己在很短的時間內痛改前非。

杜拉克二十歲時，就已開始為《法蘭克福總指南》報刊以外的刊物撰寫文章。在這之前他還在銀行工作時，曾寫過兩篇關於計量經濟學這種「精深」得令人難以忍受的文章；一篇是有關於商品市場，另一篇則是探討華爾街的股市。

但杜拉克事後對這兩篇文章悔恨交加，因為數學應用方面雖無懈可擊，結論卻是愚蠢之至。就計量經濟學而言，這些都是別人早已說過，立論毫無新意；但這兩篇文章卻被一家非常有水準的德國《經濟季刊》採用刊載。此外，他還在雜誌發表不少有關經濟和財政的文章，杜拉克說：「還好現在都難以找到了。」

杜拉克嚴以律己，評論自己的論文時下手之重，真是難以想像，但即使這兩篇論文後來被杜拉克貶為一文不值，當時卻能被德國非常有名的《經濟季刊》編輯們認同並採用，這是為什麼呢？難道《經濟季刊》的編輯們缺乏判斷力？或是他們的學術水平並沒有想像的高呢？

高度的自我批判與自我的不滿意，其實就某種程度而言，是代表著自己的成長進步，也就是自我覺察可以更好、更棒。這種高度地自我期許，是一種成長或追求卓越的驅動力。

杜拉克終其一生，都在學習那種追求完美的態度和精神，因此他才特別針對自己可以更好、更棒的生命，注入了成長動力與不自滿。

也因此他從來不用「成功」這一字眼，他只是追求「有效性」，因為他徹底領悟到：「成功靠不住，有效可長久」的真理。

學會如何學習，就是思考力

思考，對知識工作者而言就是工作。

「思考」是人類與生俱來的才能，因此不擅於思考，就是人類最大的致命傷了。懂得思考的人們、善用思考的工作者，他們都能儘早開發大量的腦力、潛能以及源源不絕的「思考能力」。

其實思考是一種自己可以開發的能力，當我們具備了這項能力時，我們就可以解決問題與創造機會，讓我們可以變得更好、更棒、更為卓越，能成為自己心目中的理想人物，且做出重要或具影響力的貢獻。

杜拉克說他年輕時，曾花了八年的時間，學習拉丁文中的不規則動詞；但這些早已「死了多時」的課程，僅能用在課堂中指出某些文章中的文法錯誤。面對這種無意義的學習，他只能在書桌下偷偷閱讀歷史與世界名著，度過這段單調乏味的日子。

但在那幾年裡，還是有位老師讓杜拉克留下深刻印象。十三歲時，一位很能啟發學生的宗教老師菲格勒，教了一堂令杜拉克終生受益的課程。

菲格勒老師要求每位學生都要說出「希望自己將來過世後，最令後代人懷念的是那一點？」這些孩子當然答不出來，因為當時他們都太年輕了。老師笑著說：「我並沒有期待你們能答覆這個問題。但如果你們到了五十歲時，仍然沒有答案，就表示你們白活了這一輩子。」

從那天起，杜拉克就時時刻刻在思考這個關乎到人一生生存意義的嚴肅課題，並窮其畢生之力尋求適切的答案，他說：「我經常詢問自己同樣的問題，這個問題會引導我不斷地自我更新，因為這會強迫我把自己看做另一個人，也就是我能『變成』的那個人。」

「希望自己將來過世後，最令後代人懷念的是那一點？」這個疑問讓十三歲的杜拉克就開始思索，花了他接下來八十二年的歲月。這是使人不可思議的時間，難怪他能有這麼偉大的貢獻，可以發明了「管理學」（Management），從此改變了這個世界，世界也因他的自我管理而改變了。

透過管理學使得杜拉克的社會願景，「自由而有功能的社會」得以實現，且「對人類的終極關懷」能獲得絕大多數人的具體回應與行動。更為重要的是杜拉克留下了四十一本巨著，成為人類珍貴的遺產，繼續發光發熱，並影響世世代代的人們。

思考力愈強的人，果斷力往往就會相對薄弱；可是到了思考力漸入成熟時，果斷力也就相對提昇，執行力自然也就會變得更好、更強，這種微妙的變化可從杜拉克一生中一窺全貌，所以，學會如何學習，就是思考力。

主觀希望不見得能改變客觀事實

所有知識都同樣通往真理。

「真理」只有一個，道理卻有成千上萬個；所以，再多的道理也不是真理。反過來說，真理也不能切割為成千上萬個道理。

所以，我們檢驗道理的唯一準則，便是「真理」；因為「真理」是禁得起檢驗的，道理卻是不攻自破的。因此，我們學習任何知識與技能，最終目的都是在探究真理、體驗真理、活出真理、最後成為真理。

很難相信管理學大師杜拉克年輕時對音樂的熱衷與專注，他回憶說：「我們總要學會寫十四行詩之後，才會寫自由詩。我曾經向當代偉大作曲家奧地利的安東・魏本(Anto Webern)學作曲，滿心期待能譜出優美的曲子。但他說：『彼得，你也太小看變奏曲了吧！海頓（Joseph Haydon）花了三十年才會作曲，你卻才學了三十天而已。』因此我必須從正統的變奏曲學起。」

一年後，魏本終於說：「彼得，你可以嘗試作首曲子了，不過要用心點。」不久，杜拉克把作品帶給他看。他看了之後卻說：「彼得，我錯了，你的功力還差得遠哪！」

其實學習有一條共通的規律，那就是必須由基礎逐漸進深，必須經由從爬到走、到跑的過程，杜拉克也無法例外。他必須先學十四行詩的創作，再學自由詩的創作；先學變奏曲，再來嘗試作曲。雖然杜拉克滿心期待自己能譜出優美的曲子，可是他的長處似乎無法匹配，讓他的願望無法實現。

海頓學了三十年才會作曲，而杜拉克僅花了三十天，就想學習譜曲。三十年與三十天之間，相差三百多倍。不過魏本老師只是勸杜拉克學作曲要有耐心，沒有像愛莎與蘇菲小姐那樣的懂得教導與協助。

還好杜拉克有自知之明，至少還明白主觀希望未見得能改變客觀事實，提早朝向別的方向發展，才沒有誤了自己的一生。年輕時多方嘗試固然是件好事，但確認一生的角色定位，卻是越早越好。

任何嘗試都有其必要性，只是針對無能為力的領域，就不必再徒耗心力，試圖改進。須知，從「無能為力」進步到「中庸程度」所需耗費的精力，遠遠超過從「一流表現」進步至「卓越境界」所需的工夫。

開放的胸襟，才裝得下智慧的言語

兩個同樣思維的人，其中一人是多餘的。

人的成長來自於兩方面：一是變數，另一是應變數。

「成長」不是知識累積的結果，而是知識內化的產物。所以，「真正的成長」應該來自於認識自己，問題認識自我談何容易呢？終其一生真正能瞭解自己、認識自己的究竟有幾人？

「認識自己」要靠親朋師長，先決條件是一方願意說真話，另一方更樂意聆聽真話才有可能。天底下沒有人不經由他人而能學到教訓的，因此通過教訓而學會的知識，都是彌足珍貴的。

一九二二年到一九三三年間，杜拉克和好友克雷馬（就是日後擔任美國國務卿季辛吉的恩師）都才二十歲出頭，就一起參加國際法學研討會。會中不乏各類聰穎博學且見多識廣的前輩，但年紀輕輕的克雷馬，早已能把政治史、國際法和國際政治整合成一套政治哲學。加上他為人彬彬有禮、極其謙虛，杜拉克當時就已知道：

「幫我了解自己最多的人，就是克雷馬。他引導我明瞭就政治觀而言，我是特立獨行的人，並迫使我發揮自己的興趣，因為這些特質和興趣，和克雷馬不同。」

但從從另一方面來看，杜拉克也幫了克雷馬同樣的忙。因為他們兩人的關係純屬於學術論辯，而且兩人最終也都取得了國際法博士學位。年輕時兩人就彼此尊重，當然也就能以禮相待。他們兩人談話時，從來不問：「你覺得怎麼樣呢？」而是說：「您為什麼這麼想呢？」

他們討論的主題無遠弗屆，就像今天二十多歲的年輕人常常談的。但是每回進行討論時，克雷馬總會組織好三個重點。這三個重點也就是克雷馬的政治哲學，日後美國國務卿，也是國際政治學者季辛吉的政治思想，全是從這個模子出來的。

不知道杜拉克是否特別喜愛挑戰，或者總是賞識比自己高明的人，因此在年輕的成長階段，不論是遇見貴人、偉人或強人，總是能有所領悟、有所收穫與有所啟迪。那幾年杜拉克與克雷馬的關係頗為奇特，比所謂的友誼多一點、但也可說是少一點。

他們兩人每週共同舉辦一次的國際法學研討會，教授因為身體欠安，幾乎把所有的工作都交給他們。結束之後他們繼續對話，談著談著竟不知天之將明，一直到杜拉克必須上班了，才會互相道別。

這種課外課、會外會、談外談的思想碰撞，加上因為彼此有不一樣的答案、看法與觀點，更能激發出智慧的火花，真是一大樂趣和享受，難怪他們樂此不疲，每次都從深夜談到次日清晨。

杜拉克透過克雷馬不一樣的答案，除了引發自己的思考外，更重要的是強迫自己發揮自己的興趣與特質，進而認識自己的人格特質與核心價值觀，使自己更早開發自己的潛力與確定人生的大方向，讓自己無需浪費時間摸索。這樣也才能集中力量，開發自己的才能和興趣，讓自己贏在起跑點上。

今日社會上的年輕人都談些什麼？看些什麼？聽些什麼？若能像杜拉克年輕時如此上進，一會兒參加凱因斯主持的經濟研討會，一會兒有到圖書館自己看書研究主題，一會兒參加國際政治研討會等等，讓腦力激發、智慧碰撞，這才是大學生該做的事。

更重要的是杜拉克還能找到志趣相同，但卻有不一樣答案的對談同伴，使自己有更高的視野、格局以及心智發展，最終甚至能聽一些不同意見甚至反對的意見，使自己不至於誤導自己、喪失機會。

好的通才教育，遠勝於專業的訓練

不一樣的心智，來自於不同的視野。

一位受過教育者，是指有能力而且渴望終生學習的人。「終生學習」不是一種觀念，而是現代人的一種生活方式。不論你學生時代曾在學校取得任何學位，若少了這種生活方式的學習，很快你就會遭到淘汰。

在現代社會裡，知識的折舊率愈來愈高。用每年百分之七的知識折舊率來計算，離開學校不到十五年，知識就全然無用了。當然這只是比喻，現實上還不會發生。因為工作中，多多少少還是能學到一點。

科技日新月異，在職場上跟不上腳步的人，隨時都會被邊緣化，這也就是現代人最大的壓力與負荷。因此，「終生學習」必須從生活做起，由工作來驗證、自成果來展現，但最重大的關鍵，仍在於必須是「有效性」的終生學習，才是「自我管理」的最佳典範。

杜拉克回憶自己在漢堡大學和法蘭克福大學求學期間，雖然在課堂上的時間不多。所幸他在法蘭克福大學求學時，仍然有一門科目對他產生了深遠的影響。事實上，在修這門科目時，杜拉克看到了管理「課程」（Discipline）的典範，這個科目的名稱是「海事法」。

在法蘭克福大學負責教授這一學科的老師，對教學非常有經驗，能夠把海事法當成整個西方歷史、社會、科技、法律思想及經濟的縮影。

杜拉克視為「我所受過最好的通才教育」。十五年後，杜拉克也以這種教學方法為藍本，開始教授管理學課程。

和海事法一樣，管理學看來似乎也是一門範圍狹窄的學科。但杜拉克卻能夠讓管理學成為「整合人類價值與行為，以及整合社會秩序與求取知識的一種訓練」，一種「以經濟學、心理學、數學、政治理論、歷史哲學為主要內容而建構成的學問。簡言之，管理學就是大學的文科。」

一九五四年十一月六日，杜拉克發明了「管理學」（Management），代表作就是《管理的聖經》（The practice of management）一書。這本書是有史以來條理最清晰、最具系統的管理巨著。

「管理學」的最初範本，原來竟然是「海事法」，實在很難理解和連結。但一位教「海事法」的教授，因為自己的博學多聞，竟能把無聊、乏味的海事法，衍生成活潑生動、趣味十足的人文、歷史、社會、科技與法律思想以及經濟的演變趨勢，實在令人嘆賞，也難怪杜拉克在這一門狹窄的學科裡，竟然產生了深遠的影響。

這是杜拉克自認為在大學裡，所受過最好的教育課程，讓他打開了視野、擴大了格局、豐富了人文、體現了價值。另外再加上他在銀行、報社、雜誌以及學術論文的鑽研與撰寫，尤其他在歷史學與政治學這兩門學科，也受過最嚴謹、最專業的訓練，使他更具備了這些素養。

因此，日後他能將經濟學、心理學、數學、政治理論、歷史以及哲學，做為「管理學」的主要內容。這種整個人類價值與行為，以及整合社會秩序與求取知識的自我訓練就此形成，並建構成為一門管理學科，從此改變了這個世界。

終生學習來自於自發性的自我管理

學習，是終生的旅程；自我覺察，就是學習的原動力。

「學習」就是學而時習之，也就是做中學、學中做的過程，因此它必須是一項動態而持續性的行為。

但對今天的知識工作者而言：「思考」就是工作、也是學習，這也是學中做，做中學的歷程。只是需要透過「思考」，實現一套簡單、明確、清晰、具體可操作的自我經營哲學，進而轉換成為客戶的滿足，體現對客戶貢獻的目的，這才是「學習」或「終生學習」真正的本質。

杜拉克由漢堡市搬到法蘭克福市後，二十歲生日當天，他到法蘭克福最大的報社上班，負責財經和國際事務的撰稿。

當時歐洲各大學之間的轉學手續很容易，所以他繼續在法學院修課，但他對法律還是不感興趣，卻沒有因此放棄求知的慾望。

身為新聞記者，杜拉克必須寫到許多主題，所以他決定對更多領域進行探索和涉獵，以便成為一位稱職的記者。

杜拉克任職的報社，在每天下午出報，所以他必須從早上六點開始工作，下午二點十五分交稿，才能趕上最後一版付印的時間。他強迫自己利用晚上的時間讀書，範圍則涵蓋國際關係、國際法、社會及法律機構的歷史、各種角度的歷史、財務等。後來，他漸漸發展出一套系統，直到去世前都奉行不渝。

每隔三年，杜拉克會挑選一項新主題來研究，不管是統計學、中世紀歷史、日本藝術或經濟學。即使花了三年仍無法精通該項主題，但至少已有了基本的瞭解。六十多年來，他隨時保持總在學習一門新東西的狀態。

這種永遠保持學習新知識的狀態，不但讓杜拉克累積了相當可觀的知識，也使他能督促自己保持開放的態度，來面對每一種新學科和新方法。因此他對每個新的研究主題，都能做出不一樣的假設，並運用不同的方法學。

現在台灣的媒體雖然蓬勃多元，但這麼多記者在跑新聞撰稿，卻僅僅只有極少數的記者能自覺地自我學習。

杜拉克由於他認知到身為新聞記者，工作上要寫很多不同的主題，必須及早準備才能有所作為，這是自我負責的表現，也是對讀者一項貢獻。

究竟是什麼力量，可以讓杜拉克持續這麼長時間研究下去呢？是興趣？還是工作需要？應該都是，但最關鍵的還是他已發展出一套有效的自學系統，可以將相關與不相關的知識，整合出不一樣的知識來。

就像「管理學」的各種概念創見：如目標管理與自我控制、民營化、顧客導向與創造顧客、結構追隨策略、效能與效率、堅守本行、國際分工、內部創業、全球購物中心、知識工作與工作者、分權化、扁平化再扁平、後資本主義……等。

杜拉克之所以能橫跨二十五種不同領域的知識，在累積大量的有用知識後，形成他獨特的知識庫，加上他過目不忘的天資，使得他像是一座可移動的圖書館，成為史上最博學者之一。

他靠著「充分開放」的胸襟與態度，非但不自己設限，且又能賞識不同的知識，最終練就了「只要連貫」（Only connect）的特殊能力，造就了一代大師彼得‧杜拉克。他不但是「自我學習的典範先生」，更是「終生學習的典範大師」。

盡情發揮自己的長才，就是學習之道

卓越人士就是不斷自我更新的人。

「自我更新」，就是更新自己的思考、行為、習慣以及作法。方法則是換位思考、多面向思考、重新思考以及穿透力的思考，進而能做到「典範移轉」，徹底改變成為新觀念、新思維、新系統以及新的人。

你要視改變為機會、視革新為常態，讓「自我更新」成為近乎天性的習慣，真正做到一位不斷地自我更新的人。

杜拉克在一九三七年從英國移居美國，到了一九四五年，他選擇歐洲早期現代史，尤其是十五至十六世紀的歷史，作為自己接下來三年的研究主題。

他從研究中發現，當時歐洲的主導勢力有兩大宗教組織，分別是南方天主教的耶穌會，以及北方基督教的喀爾文教派，兩者成功都可以歸功於同樣的方法。它們分別在一五三六年成立，而且都在一開始就採用相同的學習原理。

耶穌會的神父或喀爾文教派的牧師，每當要做任何重要的事情，像是要做出某項重大決定，就必須將預期成果寫下來。九個月後，再將實際結果跟當初的預期做個比較。

這樣一來，他們很快就可看出，自己哪些事情做得不錯，還有自己的長處在哪裡。同時，也能讓他們知道該多學些什麼，該改掉那些習慣。最後，這種方式還能讓他們瞭解自己的弱點，以及自己沒能力做的事。

杜拉克接下來的五十年，也都用這種方式檢視自己。這樣做能讓人認清自己的長處，也是瞭解自己的首要之務。同時也能讓人知道自己哪裡需要改善？以及需要哪種改善？最後，還能顯示哪些是自己無能為力，連試都不必試的事。

瞭解個人的長處，知道如何改善，清楚自己能力的極限，這些就是終生學習的關鍵。大多數人都自以為知道自己擅長做什麼，但事實往往並非如此。

雖然人們通常比較了解自己不擅長做什麼，但即便如此，在這方面錯的還是比對的多。然而，唯有發揮所長，才能有績效表現。我們不可能把績效建立在自己的短處上，更不用說是那些自己根本做不到的事上。唯有了解自己的長處，才能知道自己適合做什麼。

杜拉克領悟到要找出自己有什麼長處，只有一個方法，就是使用「反饋分析比較法」（Feedback analysis）。當我們做出重大決定或將採取重要行動時，先將預期成果記下來。九個月或一年後，再將實際成果和預期做個比較。

由於專注於自己的長處，使他不但著有四十一本書，也有許許多多的企業經理人和政府官員向他請益，海內外學生更是無數。他努力強化自己的長才，讓自己的寫作不斷地推陳出新、洞察未來。

杜拉克領悟到績效不彰的主要原因，都是自己知道不夠多，或是因瞧不起自己專業領域以外的知識。

這樣的人很容易妄自尊大，因此出現「無能的無知」症狀。必須能即時矯正自己的壞習慣，以免妨礙效能和績效的表現。

至於個人不擅長的部分，例如欠缺公關和交際手腕，杜拉克對於這些短處，根本不會浪費力氣去改善。總之，盡情發揮自己的長才，就是終生學習之道。

「專注」充滿著不可思議的能量

常問自己：「我現在最該做的一件事是什麼呢？」

「專注力」就是一個人在一個時間內僅僅做一件事。當然也有人在同一個時間裡能做兩件事、三件事，但這樣的人畢竟少得可憐。要在一個時間內把一件事能做對做好都極為不易，更何況要做兩件、三件事？

但「專注」代表的是人的一分熱情、一分執著以及一分能量的聚集或釋放。即使在時間上極短、資源上匱乏、能力又不足的狀態下，只要透過專注的投入與瘋狂的熱情，最終往往還是能見到成果是豐碩的、是無與倫比的、是超乎自己所求所想的。

杜拉克到美國後，在接受通用汽車公司任務時，他說自己對管理學還一無所知。於是他給自己安排了一個速成課，要在兩天內讀完全部有關管理的重要著作。這個速成課的進度讓他自己也感到驚奇，因為除了日文外，以其他各國語言所寫的一般管理書籍共有七本，而且大部分還重覆凌亂。

杜拉克首先尋找有關管理的資料和書籍，第一個想到的當然是通用汽車公司的這個研究專案，結果居然找不到現成的學科或者知識領域可以作為依據參考；也幾乎找不到關於企業管理的書籍，有的只是關於軍隊或政府的管理。還好當年不像現在這樣網路發達，讓杜拉克自小就練就了找尋資料的一身功夫，最終還是給他找到了其他的商業書籍，例如會計和稅務，推銷和廣告等等。

杜拉克畢竟是一位研究型的學者，更是閱讀型的高手，他一來過目不忘，二來閱讀迅速，三來擅長重點掌握，四來涉獵又廣又深，五來語言具有天分，精通德、英、法、拉丁文、希臘文、丹麥文以及少許的日文，竟在兩天之內，讀完了七本相關的管理書籍。

當時世人連什麼是「企業」都很少有人知道，更不用說瞭解「企業管理」是怎麼一回事了。杜拉克不但誤闖了管理諮詢的領域，而且也進入了大型組織的內部。杜拉克把通用公司當成現代組織的樣本，用來探究現代組織的各項問題：包括組織、結構、政策、統理原則、權力關係、工人動機、生產力以及社會責任，退休金制度等。

另外杜拉克也更深一層認知，所有組織都需要這種稱之為「管理」的器官，對於員工的地位和功能、確保資源的生產力，尤其是人力資源的生產力以及需要界定的體制或統治秩序。這些假如沒有這兩天的速成課，提供了框架和思維，恐怕也無法有這麼大收穫。當然，過去他若沒有對歷史和政治等有嚴謹而專業的鑽研，給你兩年的時間也無法速成的。

我們要謙卑的無知，而不要無知的謙卑

經理人都應該學習怎麼運用自己的無知。

「無知」有兩種，第一種是真正的無知，第二種則接近智慧的無知。當然，也有人會說「無知」就是無所不知，但若有人自認自己是無所不知，那麼這個人不是在吹牛，就是真正的無知。因為我們所知道的一切，與未知相比，簡直是不能以道里計。

科學的發達、科技的日新月異，醫學的突飛猛進，知識的飛躍成長等等，當我們覺得自己知道愈多時，也就能知道我們所不知道的更多。因此我們該如何來面對自己的無知，同時善用自己有限的無知。

有位學生問杜拉克：「您輔導企業成功的秘訣究竟是什麼呢？」

杜拉克說：「沒有任何秘訣，只要問對問題就好了。」

接著另一位學生問道：「您怎麼知道什麼是對的問題呢？您難道不是基於您對所輔導產業的瞭解而提出的問題嗎？當您一開始擔任顧問，毫無經驗的時候，您怎麼會有足夠的知識和專業提出對的問題呢？」

「我從來不是根據我在這些產業累積的知識和經驗，以此來問問題或著手解決問題。」杜拉克說：「而且剛好完全相反。我完全沒有用到我的知識和經驗，而是抱著無知的心態，面對當前的情勢。當你要協助任何人在任何產業中解決任何問題時，無知都是最重要的元素。無知不見得是壞事，只要你們懂得怎樣應用它。」

杜拉克最後強調：「所有的經理人都應該學習怎麼運用自己的無知。你必須經常抱著無知的心態來面對問題，而不是憑著你從過往經驗中學到的知識。因為你自以為知道的事情，往往是錯誤的。」

學生問問題為了滿足自己的好奇心，有時也為了傾聽來自自己內在的聲音，但最重要的還是真的希望學習大師的思維。但學生畢竟沒有老師的火候和功力，只能問一些稀鬆平常、甚至是表層的問題。但杜拉克的回答還是威力無窮，讓學生畢生難忘。

為什麼答案竟然是「無知」，縱然杜拉克一再解釋和舉例說明，學生恐怕也不見得能懂。其中最大的關鍵在於杜拉克與學生之間的頻率相差太大，也就是說，杜拉克所說的「無知」和同學所認知的「無知」，相差十萬八千里。

心態的歸零，往往有意想不到的收穫。杜拉克師生之間的問答，不論是在人生的歷練、領悟、學習以及思考的品質，都是完全不同的層次。杜拉克的無知已是接近於「有智慧的無知」，然而學生還是停留在「真正的無知」。

管理學來自實務界，也要回歸實務界

我們無法負擔的並非教育的高成本，而是教育的低效能。

「國家的錢若不是花在教育上，就要用在監獄裡。」同樣的，一家企業的錢不花在培育人才上，一定會用在找人的廣告上。

但事實上，企業並非多加一點預算在教育或培訓上，就真的可以高枕無憂。經過長年的觀察和研究顯示；金錢並不具備替代效果，唯有「找到對的老師、對的教材、對的教學方式以及對的學生」，果效才能顯現出來。

企業主必須認清，培育人才必須在這些前提下，金錢才得以發揮作用，否則只是不斷地追加預算，最終還是缺乏效能。不少的管理學院的教授都認為：「我們從事的是實證研究，而杜拉克先生卻一直待在辦公室裡從事思考工作。」

例如《追求卓越》的作者之一的湯姆・彼得斯說過：「我在商學院讀了兩個碩士學位，卻從未讀過杜拉克的著作。」不過彼得斯也承認：「我們在《追求卓越》所寫的所有內容，在《管理的聖經》一書中的某個角落，也能找得到。」

有位商學院的系主任，針對杜拉克在管理學上的歷史貢獻說：「在管理思想發展的過程中，我們可以歸納出四個里程碑。第一是佛羅倫斯的銀行家們發明的會計制度，第二是泰勒發明的科學管理，第三是史隆又發明了地方分權制度，第四則是戰後的杜拉克的時代。他在組織與策略的見解，的確有獨到之處。」

福特汽車公司的前任總裁，現任史丹福商學院院長阿吉・密勒則說：「多年來杜拉克為學術界和商業界提供了一座有效的橋樑，使雙方都能受益。他的教學和著作都得到了現實世界的經驗支持和滋潤，而整個商業界也都因實際運用他的思想和卓見而受益匪淺。」

為什麼會有管理學院或商學院，不教真正的「管理學」呢？理由之一就是杜拉克並不是管理學教授，他在法蘭克福法學院取得的是「公法和國際法的博士」學位，對於商學院而言。他根本是門外漢；但就他創立的「管理學」來說，卻絕對是不折不扣的管理學教父。

無奈在學者眼裡，這位只有著作與經歷，卻無相關學歷的管理學大師，他們根本無法接受，甚至某些教授還懷有敵意，對他有很多幼稚的批評和成見。但無論如何，杜拉克本人並未因此而受挫或坐立不安，反而積極地完成一部又一部的管理學的巨著，回應這些學者的指教。

管理學院或商學院不教「管理學」的理由之二，就是杜拉克透過他六十多年來近距離的接觸經理人、CEO及各類組織的領導者顧問諮詢，以他獨特而銳利的洞察力，加上對商業的未來趨勢精準判斷力，讓他擁有超凡的智慧，可以將實務的內涵以簡潔有力的文字功力，轉換成可吸收到的原則原理。

尤其可貴的是杜拉克能運用他的法學邏輯，將以上這些經歷予以結構層次化，使人無法置信地將相關與非相關的東西，通過他開放而動態的系統觀，轉化成不一樣的東西來，使他在管理學的原創思想與概念的創見上，有著驚人的傑作。

至於管理學院或商學院不教「管理學」的理由之三，任何人都曉得為什麼實務界、企業界的商業領袖們要向杜拉克請教。例如英代爾公司的安迪・葛洛夫說：「杜拉克是我心中的英雄，他不像學術販子。」比爾・蓋茲在受訪時，回應他曾讀哪些管理的書籍，他的回答竟是：「除了杜拉克的管理書籍外，還有別的嗎？」

同樣的問題問到傑克・威爾奇時，他回道：「我早在一九七〇年代，我就讀過他的著作，字裡行間充滿了智慧，他是貨真價實的管理哲學家。甚至我的經營理念，也都來自杜拉克。」

其實大家心照不宣的就是：管理學院或商學院若都採用了杜拉克的管理學做為教材；就會很快看到兩個可能的結果，一是很多教授自己教不下去，因為他們欠缺實務歷練與理解；二是會有更多的教授們需要更換工作。

要關心的不是統計學，而是社會學

好的老師是把重點放在書房和實驗室，而非教室。

「教學」自古以來就必須是有教與有學，才能構成這部偉大的歷史。有了教學，人類的智慧才得以傳承，人類也才得以人才輩出，偉大的歷史也就可以代代相傳。

「教」某種程度是一項天賦，當然也能靠著後天的努力，懂得一些技巧，但這只是特質的差別而已。然而「學」就單純多了，這純粹是一種技巧，是有方法可循的。若能有人加以指導或名師指點，效果自然大有不同。這時只要自己的領悟力不要太差，效果必是加倍的好。

杜拉克自稱多年以來，「教學觀摩」一直是他最大的喜好。好比看精彩的運動比賽，絕無冷場。有件事，在他很小的時候就知道了，那就是學生總是可以辨識出老師的好壞。

有的老師雖然只是二流老師，但是舌燦蓮花、機智幽默，因此留給學生至為深刻的印象；相反的，有些頗負盛名的學者，卻不能算是特別好的老師。不過學生總可以識別出一流老師。

第一流的老師通常不會廣受歡迎，但大受學生歡迎的老師，也不一定能對學生造成衝擊力。如果學生談到上了某老師的課後：「我們學到很多。」這樣的老師就可以信賴，因為他們曉得怎樣教，才能讓自己成為一個好老師。

有一回，杜拉克將到明尼蘇達大學去演講，有朋友告訴他：「你一定要去聽某某人授課，那位老師是有史以來教得最好的。」

於是杜拉克問那位朋友：「他是研究那個領域的呢？」那人回答：「統計學。不過，他本人並不是研究這個學科的佼佼者，只能算是普通程度；但是就教統計學來說，他卻是全國第一把交椅。」

杜拉克後來發現，這個人的確了不起。在短短五分鐘內，從他那兒學到的統計學，超過至今學到的全部。這樣的稱讚很真誠，因為杜拉克自己也曾在大學裡教過統計學。

這位老師身材不高，童山濯濯，而且留著鬍子，看起來就像個小矮人。他帶著博士班的學生進行討論課程，把表格和圖表投射在螢幕上，完全不加標示或說明。他對大家說：「請看這些數字，然後告訴我，你看出了什麼？」學生於是答道，那些數字代表分配不規則，顯示出某種週期性型式，或表現出內在的矛盾等。

然後，他又投射兩組數字，一看就曉得是互有關連，而且在這長期發展期間，每個數字幾乎都相互對應。學生異口同聲說：「這兩組數字顯然有著某種因果關係。」老師說：「每個統計學家看了以後，也是認為如此。但你們是否能告訴我其中的關連為何？」

博士班的學生也回答不出來，老師指著左邊的表格說：「這一列數字，是每年在紐芬蘭島外海捕捉的鮃魚數量。」他指著右邊說：「至於這一列數字，是同年北達柯塔州的私生子女數目。」

其實杜拉克在多年以前，也曾被校方要求去教一門統計學課程，但他自認不懂統計學，因此去電一位很有名的統計學家，並且問他該教些什麼？他告訴杜拉克：「你所能教的最重要的事，就是統計學家所說的：『告訴我，你想要證明的是什麼，我就能告訴你事實在哪裡』。」

教學的迷人，不是學科本身的吸引力，而是教這堂課的這個人。他們都懂得要先了解學生的需求和限制，他們把每一堂課也都當作第一堂課。通過專業的充分準備、研究和學術驗證之外；也把它視為最後一堂課，作為完美的結束。

因此他會要求自己百分百的演出，讓自己充分地融入其中、享受過程。這不是他要求自己這麼做，而是他已忘了自我，如此自然散發出熾熱的光與熱，照亮了自己，也深深地影響他人。這就是熱情，也是一種擁抱責任的熱情。因為他們是把重點放在書房和實驗室，而非教室。

藝術是一切洞察力的泉源

完美，是改善每一件事的無盡空間。

「完美」是人類有史以來共同的夢想，也是我們一致的追尋目標。然而事實證明，從來無人能做到，只有神才有可能做到。

人類本身就是有缺陷的、不足的、不完美的，一個不完美的人如何去實現完美的東西呢？答案當然是辦不到，但並不表示人類就不能去追求完美，這是一種境界。追求完美是一種驅動力，更是一種過程的享受；最後即使達不到完美，但仍然能享受過程中的滿足感。追求完美最大的收穫，並不是看得見的作品，反而是隱藏在深層裡的心智成熟與品格的昇華，這也才是真正的禮物。

杜拉克在一九六〇年倫敦一條街道上的某個藝品店躲雨時，竟愛上了日本的藝術。」他在《杜拉克看亞洲》裡強調：「我著迷於日本藝術已長達半個世紀了。日本藝術最吸引我的一項特點（至今仍令我深深著迷），就是它豐沛的原創性。在西方藝術中，往往同一時期只有一種流行的風格或審美觀。」

日本自室町時代早期，藝術就開始朝此多元化的方向發展。在同一時期總有數種不同的審美觀和作品風格。許多藝術家甚至在同一時期，由本身發展出數種不同的風格和審美觀。漸漸地，年輕的藝術家開始在學校學習，他們花十年以上的時間，才得以成為大師，最後，以自己豐富的原創性，在藝壇上開花結果。

他坐在三幅由不同畫家所繪的作品前，這三位畫家活在同一個時代，由同一位大師指導，然而，三幅作品的風格卻截然不同。乍看之下，我們會覺得這些藝術家必定是非常獨特。事實上，這只是當時普遍流行的想法而已。

這場江戶晚期的知識和藝術上的文人運動，造就了現代日本。他們的信念是要使每一個畫室，或藝術圈中的每位藝術家，都能發揮自己的才華達到極致。他們以這種方式所得到的成就，超過西方人所做的任何一件事。

杜拉克在加州波莫那學院講授「日本藝術史」長達七年之久，他著有《禪表現主義藝術家：日本的反文化畫作》、《毛筆之歌：日本繪畫》等。在杜拉克年滿七十歲生日時，收到兩樣很棒的禮物，一是完成了他喜愛的半回憶、半札記的《旁觀者》；另一禮物就是日本裕仁天皇頒發「日本藝術大師」的至高榮譽給他，以表彰杜拉克在日本藝術領域的鑽研與貢獻、鑑賞和推廣工作。

杜拉克在小學四年級時，他的老師蘇菲小姐教他工藝、勞作，但杜拉克卻自認自己一點都沒有美術細胞。因此不管蘇菲小姐再怎麼細心教他製作擠牛奶的凳子與小小的鵝毛筆，杜拉克依然做得很糟，這也是他所能做的極限了。

雖然事後蘇菲老師還是沒能讓他工於美藝，但因為她的教導，讓杜拉克一生都懂得欣賞工藝。每當他看到乾淨俐落的作品時，他總是不禁心喜，並且尊重這樣的技藝。縱然到了七十歲，杜拉克仍然記得蘇菲小姐把她的手，放在自己當年的小手上，引導那順著紋路刨平而且還用砂紙磨光的木頭。當然也促成他能將躲雨時所賞識到的日本藝術之美，成為終生的陪伴者。

杜拉克對日本藝術的狂熱程度，從以下的例子看出端倪。他認為日本人能夠做出體積十分細小的微型電子零組件，是因日本有一種名叫「印籠」（Inro）的傳統藝術，最少也有三百年以上的歷史。具有這種手藝的工匠，能將風景描繪在面積極為有限的漆器表面上。另一個類似的根源，是日本工匠甚至能在體積更微小，固定於日本和服圍帶的帶扣（Netsuke），日語叫「根付」上，雕刻出整座動物園中的所有動物。

由此可見杜拉克對日本藝術的鑽研之深，後來他榮獲日本裕仁天皇的肯定，頒給她「日本藝術大師」的頭銜，證明了杜拉克比日本人更深入日本藝術。

顧問就是不給答案，但教你思考

顧問諮詢其實就是一段教學的過程。

「顧問」是一項專業的工作，他們必須具備管理的專業知識與實務的洞察力。尤其他們必須仰賴組織內的執行力，少了它，再好的建議或診斷都不會發生什麼。

然而諮詢技巧有很多，最不可少的就是如何有效地「問對問題」，必須問些愚蠢又無知的問題，以便釐清問題的真相，尤其針對長期而根本的問題，更可以幫助領導者大量思考、盡力思考及深度思考，進而找到組織長期而根本的機會所在。

根據《大師的軌跡》裡所記載：「杜拉克曾提供大聯盟棒球隊顧問諮詢的服務。紐約大都會棒球隊的經理，也是後來杜拉克住在新澤西州蒙克雷爾市的鄰居貝拉，曾經跑來詢問杜拉克一個十分敏感，而且是棒球專業領域之外的問題。」

「貝拉經理是這麼問的：『杜拉克，我知道如何帶領棒球隊贏得勝利，但我完全不曉得如何去應付那些熱情的女球迷。』因為他手下那批年輕、多金、又欠缺人生歷練的球員，很自然地會吸引許許多多女球迷自動送上門，搞得這些棒球球員時常逾時歸營，也花掉了大筆的薪酬。」

杜拉克立即建議貝拉經理，聘請一些已退休的修女或退役士官，幫助棒球隊把關，嚇阻那些女球迷。貝拉經理言聽計從，而且也真的奏效了。

杜拉克的顧問諮詢與眾不同，他很少像對貝拉經理這樣明確地給予處方。通常絕大部分的時候，他是什麼都談，但就是不去碰觸你所問的問題。一會兒說到歐洲的歷史、突然間又跑到美國的拓荒史，接著會談及一戰、二戰的戰爭史，到了一天都快要結束了，他再把問題（就是你要問的問題）丟還給你。

他不會直接解決你原來的問題，而是把他想到的另一家類似公司的個案，交給你去思考。他在這個過程中傳授給你的方法，你就可以帶回去應用於你所屬的組織，或你做主管的那個職位，甚至可以應用到你做為一個人的特質。

杜拉克並不固定或集中在任何一種方法，他對所謂時髦的東西也頗有戒心。由於他的任務，是在幫助客戶認清已擺在他眼前的事物，和做他所能做的事上，因此他所用的都是他認為對工作最方便的一種綜合方式。

杜拉克常會問：你做的是什麼？你為什麼要去做呢？不做會有什麼後果？你預期的結果會是如何？至於數字、數據、數值都不是他談話的重點，他所嘗試的無非是要人去思考、思考、再思考。他教的是一種洞察力，一種看事物的角度，而不是一大堆的現況分析。他拒絕直接回應經營者眼前的迫切問題，他認為辨明長期而根本問題更為重要。

學習是一種與生俱來的特質

學習不只是一項行為，更為精確地說是一種能力。

「學習」（Learning）是人類的本能，從零歲起，我們就開始有意無意的模仿，因此才有所謂的「零歲教育」。

當然，透過大人的刻意安排與情境塑造，是可以協助嬰孩的學習。可是對於大人的學習而言，就必須出於自動自發型的學習方式。雖然也有強迫性的學習模式，例如為了考試、撰寫報告等等需要。

學習不但是一種能力，也是一種領悟的過程，更是一種經驗的累積。有些人靠演講來學習、有些人則靠寫作來釐清；有些人以大聲朗誦來幫助記憶，有些人則以聊天來激發想像力，這些都是學習的方式，但也可說是一種與生俱來的特質。

杜拉克在紐約大學一年一度的演講，在校內校外都是一件大事。紐約大學商學院並非公認為有地位的學院，當大企業要增添年輕經理人才時，通常仍往哈佛、芝加哥、史丹福、哥倫比亞、華盛頓、柏克萊等這一類的大學裡去找。

但紐約大學卻每年卻都可以激請杜拉克來校演講，是因他仍保持對紐約大學的效忠。就像偉大的女高音貝華莉・思爾絲（Beverly Sills），每年都要回紐約市歌劇院，按照劇院的常規酬勞演出那樣。雖然她在世界任何地方演唱，包括林肯音樂廣場對面的大劇院，都可以得到更高的酬勞。彼得・杜拉克與貝華莉・思爾絲一樣，都是懂得飲水思源的知識工作者。

杜拉克一生中最顛峰、也最多產的時段，就是在紐約大學商學院的任教期間。他一面教書、一面諮詢，又一面寫作出書，真可說是人生最喜悅、最快活的時刻。除此之外，他涉獵更廣、大量閱讀，加上他博聞強記，過目不忘，使他真的如魚得水、暢快無比。他也獲得該校所頒發的最高榮譽——校長獎，猶如影星獲得奧斯卡金像獎一樣光榮；然而杜拉克本不以為意，對領獎也表現得興趣缺缺。

杜拉克對於這種外在的表揚與肯定，一點也沒有興趣，甚至感到厭煩。他年輕時也獲得美國管理學會（AMA）頒給「泰勒匙」，表彰他在管理學上的高度貢獻，但他不出席領獎，讓主辦單位不知如何是好。他還七度榮獲哈佛商業評論（HBR）麥肯錫論文獎，這可說是史上獲獎最多次的一位。

二〇〇一年由美國《金融時報》選出的五十位大師排行榜，杜拉克名列榜首；同年美國的新經濟雜誌《Business 2.0》推出管理大師專題，選出二十位大師，杜拉克榮獲五顆星的最高評價。但杜拉克仍堅持年輕時的想法：「我只在乎自己是否有貢獻，不在乎有沒有獲獎。」

超強記憶力來自有紀律的觀察

記憶力必須轉換為生產力，才是正途。

「觀察」是一件很有趣的事，但若想進行有效的觀察，則需仰賴記律。唯有「紀律的觀察」才能有所收穫、有所發現與有所領悟。

善用左腦的人，就像狐狸總能記住許多細節；但運用右腦的人，猶如刺蝟只會記住一個重點。極少數的人能同時做到既活用左腦，又能掌握右腦的優勢；因此，如何自我訓練是可以嘗試的。至於訓練後效果為何，就因人而異了。

一九九七年元月二十日，我專程前往美國加州克拉蒙特彼得・杜拉克管理中心，參加為期七週的密集課程。兩項課題分別是知識工作者與有效的決策。來美國時我帶著一幅故宮博物院購買的國畫，和一本杜拉克的中譯本《旁觀者》當作禮物。

經由尼泊爾籍的迪帕克博士從旁介紹，我將書和畫一同送給杜拉克，他微笑著把禮物置放於長椅上。隨即我開口邀他一同合影，他卻告訴我：「三年前在台北凱悅（現改名為君悅）飯店時，我們已經合照過啦！」我愣住了，猛然回想原來一九九四年我參加「亞洲高階經營研討會」時，確實與杜拉克在會後合影過，但那只是應酬場合，這段期間我們毫無連絡，杜拉克怎麼可能記得如此清楚呢？我靈機一動說：「老師，但那是台灣啊！」他才點頭答應，拍了我們師生間第二張珍貴的合照。

上課之前，我看年輕的ＭＢＡ同學們已開始大排長龍，準備請老師簽書留念了。我也湊上去，帶著他那本厚重無比的《管理學：使命、責任與實務》，由於杜拉克簽書的速度很快，輪到我時，他根本沒有抬頭看我，立即在書上簽上「To Jerry Chan, From Peter F. Drecker」，我被老師的記憶力給震撼了，久久不能回神，直到下一位同學碰了我一下時，我才趕緊退下。

真神呀！我怎麼也不相信自己所看到的事實，沒錯！我的英文名字就是這樣。三年前他只問了我英文名字和姓該怎麼拼，僅止於此，其他什麼也沒有了。但三年後他卻全記住了。事後我才恍然大悟，原來我在申請入學時，我有填寫姓名資料以及其他的背景資料，他也給我十分優惠的條件，僅收四分之一不到的學費。

其實不只是我觀察到了，其他外電報導以及專訪的文章，都可以看出杜拉克的超凡記憶力。他不但記得多，而且記得牢。他可以將相關與不相關的知識整合，轉化成為另外的概念，這種「只要連貫」（Only connected）的能耐，就像達文西、愛因斯坦、莫札特的天才般智慧。

杜拉克能擁有二十五種以上的不同領域知識，又能融會貫通，如同一座可以活動的圖書館。證明他所說的：「超強記憶力來自有紀律的觀察。」

Part 2 工作DNA

杜拉克年輕時就堅持半工半讀，
因為他相信一個人愈早社會化，
就愈能體驗到實務與理論融合的重要性。
也就是說，理論必須在實務中得到驗證，
你也必須藉著工作驗證自己所存在的價值。
因此管理人需要具有「工作DNA」。

危機，永遠躲在我們的自以為是的後面

我們雖然無法駕馭變化，但我們卻可以走在變化之前。

一九九一年四月間，我從友人口中得知，管理學大師彼得・杜拉克出版了兩套錄影課程，分別是《全方位經理人》（The Manager & The Organization）和《有效的經營者》（The Effective Executive），那時我尚未受教於他，但已拜讀過他所有的書。一聽說有這樣的影音教材，我毫不考慮地就買來拜讀。

當時這套教材在台灣還很罕見，我想引進與其他杜拉克迷一起分享，為了取得授權，我著手遍尋杜拉克的行蹤，獲悉他在美國加州的克拉蒙特彼得・杜拉克管理研究中心授課，這所學校現在已改名為克拉蒙特彼得・杜拉克與伊藤榮堂管理學院。當時我還不敢相信，大師年紀這麼大了，竟然還親自授課。

雖然知道了大師的行蹤，但我卻不知想要與杜拉克聯繫授權事宜，竟會如此困難。前後長達十個月，我打了二百通以上的國際電話。後來我與在大學任教的友人周明智老師商議，他說：「乾脆直接赴美拜見杜拉克本人吧！」我已經聯絡了快一年，仍然沒有結果，也只能答應了，於是我們一起搭機赴美，前往加州克拉蒙特學院。

千里奔波到了當地，學校秘書了解我們的來意後，請我們先回旅館等候，他承諾會盡快回覆。但隔天收到的結果竟然是「沒辦法！」（No Way）。再追問之下才得知，原來那時的台灣與匈牙利，是全世界出了名的「盜印天堂」，我們來自台灣，對方當然連想也不用想就拒絕我們了。

一年後，立法院終於三讀通過了智慧財產權的保障條款，洗刷了台灣以往「盜印天堂」的污名。之後我們再度前往該校，雖然還是沒見到杜拉克本人，幸好負責接待者善意地告知我們，可以轉往位於華盛頓的一家名為ＢＮＡ的教育機構洽詢，因為這家機構與杜拉克先生有著長期的緊密合作關係。

我們得知這線索後，又專程從美西飛到美東，見到了該機構的國際行銷處長波威爾小姐，從她的談話中可以感覺到她謹言慎行、實事求是的作風。經過了數小時的交談，她欣然答應給我們七年的獨家代理權，但費用僅需押金新台幣六萬元，區域則擴及中國大陸及華語地區。真不敢相信過程如此波折，成果卻如此豐碩。

返台之後，我們立即邀集了學術界、企業界十五名菁英，納入合作團隊，積極地從事英翻中、編輯講師手冊、繕打中文字幕以及最重要的師資團培訓工作，同時我們還以「杜拉克管理顧問股份有限公司」的名稱向商業司登記。當時我單純地只想推廣杜拉克管理哲學思想，所以就用「杜拉克」的姓氏做商標，突顯我們合法取得中文本授權的特色。

但出乎意料，當杜拉克本人獲悉他的姓氏「DRUCKER」在台灣竟成為商標時，很快我們就接獲一封英文信，這封信一看就知道不是出於電腦列印，而是用老式打字機一字一字敲打出來的。信裡充滿著憤怒與不悅，讓我感到畏懼，因為信中對我的稱呼竟是「你這個大騙子……」

他在信裡警告說：「我的姓氏（DRUCKER）絕對不能成為任何公司名稱」，甚至為了表達他不妥協的立場，還要求我們「在四十八小時內更換公司名稱，否則將終止與美國BNA二十年來的合作關係。」

收到這封措辭嚴厲的信件後，對我來說簡直是晴天霹靂，只好立刻召集同仁開緊急應變會議。我想我與大師（當時還尚未親自受教於他門下）一定存在著什麼重大誤會，而且這誤會很可能是出於文化背景的隔閡，若不火速澄清，不但個人與公司的信譽受損，連國家都會受累。

我立即寫信委婉解釋，說明我們在台灣成立的「杜拉克管理顧問股份有限公司」，營業範圍只會以我們合法獲得授權的這兩套課程為限，絕不會經營其他課程。另外關於公司名稱的「杜拉克」，只是以中文在台灣登記公司名稱，絕對不含英文在內。

第二天我再次接到杜拉克的來信，經我委婉解釋後，大師的措辭也和緩了些，但依舊強硬地勸告我：「必須立即更名。」當時我不明白，大師當初授權給我時，在授權金上給我這素昧平生的台灣人，優渥到難以想像的地步；但在我們登記公司的名稱上，卻又嚴苛到令我畏懼。大師為什麼如此視「姓」如命呢？

為了合作的順利，我決定先依照他的要求，放棄原已登記的公司名稱，火速更名為「大師級管理顧問股份有限公司」，化解了這四十八小時來我與大師之間的誤會，我們也得以繼續合作。後來我有幸親自受教於恩師後才知道，他的祖先是荷蘭人，十六世紀即以印刷聖經、可蘭經以及其他宗教書籍為業，整個家族也都此為榮。

「DRUCKER」無論在法文、德文與荷蘭文裡，都是「印刷者」的意思。因此杜拉克也將姓氏「DRUCKER」當作第二生命，絕不容許有任何風險的發生，因此才不授權，甚至不惜斷然跟ＢＮＡ機構終止合作。

我們事前努力不夠，加上資訊蒐集不足以致誤判，單純以為在台灣完成了合法程序即可，沒料到杜拉克會有這麼強烈的反應。還好我立即溝通並修正，他也不計前嫌，包容我的無心之過，日後有機會成為他少數的亞洲學生之一，這也就是我在親自受教於恩師前，就先學到的一門危機管理課程。

要把生活、工作與學習融合為一

學習始於出生，終於死亡。

「半工半讀」對一個年輕人而言，是彌足珍貴的體驗，在不同的國家或不一樣的工作場所裡更加難得。

在工讀中體悟到不同的種族、文化、語言及風俗刺激，這些經歷很難在課堂中學到。在這種社會化、跨文化的薰陶之下，也會讓年輕人激發不同的思維與見解。

一九二七年秋天，十八歲的杜拉克從維也納來到了德國，先是在一家貿易公司當儲備人員，十五個月後，他從漢堡市來到法蘭克福市，在一家美國華爾街證券公司的歐洲分公司所屬的商業銀行裡，擔任證券分析員一職。

到了一九二九年秋天，紐約股市崩盤，證券分析員這工作也就沒了。於是他轉往法蘭克福發行量最大的報紙《法蘭克福總指南》擔任財經撰述。由於第一次世界大戰造成許多編輯人才傷亡，他得以在短短兩年內，就榮升為「資深編輯」，負責國外和經濟新聞，且每週要寫三到四篇的社論。

除此之外，他同時也在法學院就讀，因此還有專業的學術課業要做，後來他又轉來法蘭克福大學深造。到了一九三一年，他取得國際法和公法的博士學位。杜拉克的博士論文，獲得指導教授的大大賞識，同時也被公認為歐洲有史以來前四十名最佳論文之一，並且被出版社印行成書。

但在拿到博士學位前，杜拉克已開始在該校任教了，二十出頭便得到了該校的講師教職，這在德國學術界可說是第一步，也是最重要的一步。在他任教期間，與一位教國際法的老教授且成莫逆之交，杜拉克常在他生病時幫他代課。如此的機遇與經驗，在德國學術界可說是第一步，也是最重要的一步。

當時的法蘭克福大學，是以白由風格自豪，而該校教授也都以學術研究、良知與民主自由為傲。有些人或許會疑惑，杜拉克的管理哲學思想，究竟是屬於實務的經驗主義呢？還是純粹學術的理論家呢？

其實這種爭議毫無意義。因為早年的杜拉克，絕對是先從實務的工作起家。也正因為如此，他所有的研究都是以實務經驗為出發點，以客戶、市場以及未來趨勢作為訴求，加上後來長達六十年來的顧問諮詢工作為核心，企業或各型組織都成為他的「實驗室」。

在這些「實驗室」裡，杜拉克驗證理論，形成系統，最終建構成為一套簡單、明確、清晰、具體可操作的一門學科「管理學」。

雖然他一再謙稱為管理學是系統的無知，但值得我們欣慰的是，他所發展出來的

「管理學」，恰恰是既屬於經驗主義，又兼具理論的內涵與架構。

「半工半讀」在過去來講，都是學生情非得已才勉強為之，杜拉克家境無虞，卻堅持在「做中學，學中做」。不過到了二十一世紀，反而成了學生最佳的選擇，因為職場不願訓練新人，學生若能效法杜拉克當年這種將「生活、工作與學習」融合為一的新模式，將來畢業後求職自然順利多了。

核心價值觀遠勝於長處的發揮

認知上司的行事風格，比盲目的尊敬更有效。

「改造上司」，原本並不是部屬的特定任務，因為屬下既無權也無能改造上司；對部屬來說，唯一能做而且該做的，就只是「輔佐上司」。

要「輔佐上司」，就必先認知上司的行事風格與長處；但人不可能只有長處，何況長處另一個角度來看，依然是短處。那麼對於短處呢？部屬就該要以自己的長處來補足他，如此才能發揮組織的最大效益。

但長官的核心價值觀，若是你完全背道而馳時，你該怎麼辦呢？這時你別白費力氣，不要想方設法的去改造他，而是要果決地作出「離開他」的行動，千萬不要貪念他所提供的酬勞和地位，否則必將損人又損己。

《時代》雜誌老闆魯斯，曾熱烈邀約杜拉克加入《時代》的工作團隊，但杜拉克卻回絕了。因為魯斯的管理方式，就是要讓屬下的編輯們互相做對、彼此鬥爭，杜拉克想到他們內部的鬥爭就倒胃口，因為他還有兩場漫長的戰爭要打。

一方面魯斯很想換掉還想繼續留任的編輯高茲伯羅，可是他卻賴著不走。另一方面則是公司裡充斥著人多勢眾的共產黨員，這些人因杜拉克的名著《經濟人的末日》，裡面並不看好共產主義的前途，早就將杜拉克列在「黑名單」裡，對杜拉克充滿著敵意。

這樣對杜拉克來說可說是更好，由於《時代》裡的共產黨員們的從中作梗，讓杜拉克順理成章的拒絕了魯斯的邀約。

魯斯招募了許多當時天分極高的人，來為《時代》、《財星》與《生活》這幾種暢銷雜誌效力；但這些作家一旦加入，一生就再也寫不出什麼著作，甚至在離開之後也是。魯斯的善意，以及他給的高薪和溺愛，簡直是才智的謀殺。

後來杜拉克也說：「若是為魯斯工作，我懷疑自己是否有那分能耐，能成熟到抗拒那些誘惑呢？很少人做得到吧！」

魯斯見杜拉克婉拒甚堅，也就退而求其次，答應給他一分高薪的閒差，請杜拉克擔任魯斯的幕僚。但杜拉克已學乖了，繼續謝絕了他的好意。當時杜拉克雖然工作歷練不深，但他憑藉他理智的判斷，才不致於做出衝動決定，留下更多的遺憾與傷感。

報閥魯斯為了求才，不惜付出龐大的心力和時間，這種敏銳的眼光、識才的眼睛，加上抓住人性的弱點，使他予取予求，甚至有求必應。很多才智出眾的人才，也願意加入他的團隊新聞作業，偏偏杜拉克不被利誘。

某種程度來講，年輕的杜拉克，已經為魯斯上了一堂很珍貴的課，就是要告訴魯斯先生：「人，不應該被人操控的，也不應該操控人。」按照杜拉克的觀察和瞭解，魯斯一直無法忘懷，他是赤貧的傳教士之子。因此他總希望藉由這些雜誌，發揮自己的影響力，也就是他心目中真正的渴望。

魯斯的領導風格與管理方式，採取的是一套嚴密控制的體系，自己雖不直接涉事，卻不斷製造編輯間的磨擦、分化，以及相互對立的人際關係，這樣就能鞏固自己高高在上的地位和權威，不受任何人的威脅。

有一回，杜拉克質問魯斯：「為何幾乎每家報社都勒緊褲袋，員工所得少得可憐，唯獨時代公司卻能給大把大把銀子呢？」魯斯答道：「我們賺了這麼多，給少一點我良心不安。」結果，他手下的人無不越陷越深，根本無法自拔。

他們已經習於奢華的生活方式，在高級餐廳吃午餐、出門搭頭等艙、在第五街坐擁氣派的公寓，在康乃迪克州還有度假的「小金屋」，此外每逢生日時，還會得到魯斯和他夫人送的小獅當寵物。杜拉克下定決心，不論魯斯如何地利誘他，絕不進入時代公司當編輯，因為好萊塢的生活方式並不適合他。

在職場上，面對不同價值觀的上司，認知自己的行事風格，遠遠超過盲目的追求。也就是說，「核心價值觀遠勝於長處的發揮」。

藉工作驗證自己所存在的價值

為工作而學習，為成果而管理。

「學習」並不是為興趣而來，雖然興趣往往是刺激學習最有力的因子，不過興趣再濃再大，隨時間總有漸失的時候，這樣「學習」就嘎然而止了。

因此，「學習」是為了幫助我們釐清自己與認識自己而來。「學習」不單單為了幫你找個工作、強化工作成效、提昇工作生產力而已；更積極的是為了成果，尤其是管理自己的成果。

杜拉克在一九二〇年代初期，還在唸中學時期，父親就很明智地告訴他，將來必須自食其力，可是他父親知道，當時他根本完全不具備那種能力。於是白天唸完拉丁學校以後，父親又送他去讀一所高商的夜間部，那裡教的是「商業技能」。

後來杜拉克在漢堡市一家最大的歐洲棉織品、五金出口貿易公司當儲備人員；他們是第一批中學畢業的練習生，其他人都是滿十一歲就來了。公司的主管對著他們這些中學畢業生說：「各位，我說的話希望你們不要介意，如果你們想成為成功的商人，那你們的學歷都太高了。」後來杜拉克回憶道：「他說得還真沒錯」。

為什麼這位主管會這樣說？杜拉克引述那位主管的話：「如果想靠從商維生，你們需要三項技能：速記、打字以及複式簿記。」

時空背景拉回一九二〇年代，當時的歐洲幾乎已是現代人無法想像的年代。那時高中畢業已是高不可攀的學歷了，難怪那位主管會嫌他們的學歷都太高了。想要成為一位成功的商人，初中程度就已經綽綽有餘了；額外再花三年歲月去唸高中，等同於浪費寶貴的青春，而且意義不大。

但到了今天，即使是傳統出口的貿易公司裡，再怎麼思想老舊的主管，恐怕也不會說出那種話了。現在的大學畢業生，甚至是碩博士，要找到像樣的工作都很難了。

杜拉克在出口貿易公司裡實習時，到底學到什麼？得到了什麼成果呢？我們無法理解。但從他整個人生的歷練來看，不難看出它給杜拉克的影響力。

杜拉克雖沒有學好速記、打字以及複式簿記這三大商業技能，也因此沒有成為所謂的「成功商人」，卻反而成為日後的「社會的大思想家」。因為他擅於思考長期而根本的問題，而且發展出一套簡單、明確、清晰、具體可操作的一套經營理論——「管理學」，以對應快速變遷的未來社會。

杜拉克的經驗可以證實，一個人愈早社會化，就愈能體驗到實務與理論融合的重要性。也就是說，你必須藉著工作驗證自己所存在的價值。

善用激勵式的問句

發揮上司的長處，補足上司的短處，這就是職場之道。

「輔佐」是要你在工作中，協助上司創造績效，而不是一昧地討好上司或滿足上司的個人喜好，甚至於拍上司的馬屁而自得其樂，這些都是不道德的行為。

因此，身為上司的人也要能自我惕勵和警醒，不要掉入屬下的陷阱而洋洋得意，最終被屬下所操縱而不自覺。扮演好自己的角色，做好自己的本分，以自己的長處彌補上司的不足，進而讓他的長才得以發揮得淋漓盡致，這才是輔佐上司之道。

杜拉克回憶他在銀行服務時，他的上司理查有個合夥人弗利柏格，平日對人都很親切。杜拉克來公司工作不到幾週，就被弗利柏格叫去談話。

「你是理查・牟賽爾的屬下，因此我不擔心。但說實在的，你還可以再表現得好一點。」

杜拉克聽了這些話，立刻感到疑惑。因為理查是杜拉克的上司，每天都不斷地讚賞杜拉克做的很好、很棒、很完美，但現在卻得到另一位上司這樣的評語。

杜拉於是問說：「我是不是做了不該做的事，或者是沒做該做的事呢？」

弗利柏格告訴他：「我知道你去年曾為一家倫敦的保險公司做過證券分析。現在你做的，還是證券分析。假如我們認為這就是你該做的事，不如放你回去幫保險公司服務。我們從現在起，希望你來做合夥人的執行秘書。或許，你對這分工作的內容和薪水還沒有概念。今天是星期五，下週二請交給我一分『書面報告』，看你如何進行這分更重要的工作。」

於是杜拉克在星期二又去見弗利柏格，他看了一眼杜拉克的報告說：「報告裡提到的只有八成，另外少了二成。」

「少了什麼呢？」杜拉克不禁疑惑，整個週末他已為這分報告絞盡腦汁，所以在最後完成時，自覺已經覺得盡善盡美了。看到弗利柏格那半月型的閱讀眼鏡，已經滑到鼻子的尖端，才聽到弗利柏格以沙啞而冷峻的聲音說道：

「杜拉克先生，我們付你薪水，你不是應該知道這是最基本的事嗎？」

杜拉克這時才猛然地想起，自己現在是做那兩位合夥人的執行秘書，所以應該問：「我該為『你們』做些什麼？」答案也很明顯；杜拉克必須協助弗利柏格先生更有效能地做他最喜愛的事，也就是他的長處──交易。

弗利柏格對於新進人員在工作幾週之後，一定進行個別約談，這個做法很重要。不但是時機恰當，而且也能點出工作者的盲點所在，便於讓新進員工接下來的工作，能有更重大的突破和作為。

身為公司負責人的弗利柏格，之所以能看到杜拉克的盲點，可見他平時雖然十分忙碌，但總不忘細膩觀察新進人員的工作表現。尤其是當其他合夥人對杜拉克的表現都十分讚賞時，歷練豐富的弗利柏格卻不認為這樣。一句「你可以再表現好一點」，意謂杜拉克並未抓到重點，使得工作績效未盡人意。這種激勵式的問句，往往對於那些自認為表現優異的新進員工，是個十分有效的問法。

弗利柏格先點出了杜拉克擅長的證券分析工作，但也提醒杜拉克，如今你的職務已更換了，不只是經濟分析師，還要加上其他兩位合夥人的執行秘書這一職務，顯然一開始杜拉克對這分工作的內容和薪水，還沒有清楚的概念。所以弗利柏格要他下週二交一分書面報告，作為下次約談的重點內容，這個約談的結論真是高明極了。

當杜拉克費盡九牛二虎之力，且自覺交上去的已是盡善盡美的書面報告時，弗利柏格僅看一眼，又點出了不足的二成。但這二成卻是關鍵的二成，讓聰明的杜拉克立刻領悟，應該協助弗利柏格發揮他最擅長的「交易」工作，讓弗利柏格的長才發揮到淋漓盡致，這才是杜拉克該做的基本工作，也是公司付錢給杜拉克的唯一理由。

弗利柏格以多面向的問題與要求「書面報告」，督促杜拉克深度思考，最終也不直接告訴他工作是什麼？任務是什麼？這種問法與要求，值得我們借鑑學習。在工作時，我們對於這個職務的工作效能是什麼，是一定要盡力思考的。至於輔佐上司之道，則是在於協助他的績效表現，而不是妄想去改造他。

工作績效必須靠著自我評鑑才是上策

提昇生產力，是自我管理的精髓所在。

什麼是杜拉克所認為的「真正教誨」？就是來自於高標準的自我檢視。杜拉克認為只有高標準的自我期許，才能具有生產力。

所以，也只有「真正教誨」，才具有生產力可言；換句話說，生產力的提昇有賴於真正的自我教誨。這教誨或許是來自於上司，或許是來自於顧客，甚至是來自於陌生人。不管教誨來自於何處，重要的是付諸行動並持之有恆。

杜拉克在報社的總編輯唐姆勞斯基，是當年德國崇尚自由主義的新聞從業人員們共同的精神領袖。他也可說是杜拉克一生中第三位偉大導師，對杜拉克一生的影響也至為深遠。

唐姆勞斯基教導杜拉克怎樣在知性上保持活躍，當時唐姆勞斯基總編輯年約五十，他不厭其煩地培訓杜拉克這群年輕的編輯，並且樹立紀律。

他每週會跟年輕的記者們一一討論一週來的工作，同時每年在新年之後和六月開始放暑假前，另外還會利用週六下午和週日全天，一起檢討前半年的工作狀況。開會時總編輯一開始會先提到那些事大家做得不錯。然後，他會指出大家表現的未必很好，但已盡力去做的事。接著，他就會檢討大家還不夠努力的事。最後，他會毫不留情地批評大家做得很糟、或是根本沒做到的事。

會議的最後兩小時，大家會規劃未來六個月的工作：究竟該專心做那些事？該改善那些事？該學些什麼？會議結束一週後，每個人要交一分報告給總編輯，說明自己未來六個月的工作和學習計畫。

杜拉克很喜愛這些會議，可是離開這個工作環境後，又忘得一乾二淨了。大約過了十年，那時他已經移民美國，才又想到這些會議，這時他已是知名大學的資深教授，也開始了自己的顧問諮詢業務，還寫了幾本書，他也才回想起總編輯所教導的事。

從那時起，杜拉克每年夏天都排出兩週的時間，檢討前一年的工作。首先是列出做得不錯，但還有改進餘地的事；然後檢討做得不理想的事，還有該做卻沒有做的事。最後他會就自己的顧問諮詢工作、寫作和教學等方面，排定未來一年內的工作優先順序。

杜拉克自我省察道：「雖然我從未能完全按照每年八月排定的計畫行事，但這種定期檢討卻鞭策我去貫徹威爾第的訓示，努力追求完美，縱然一直失之交臂。」

唐姆勞斯基不愧是一位卓越的領袖人物，在一九三〇年代裡，居然就已經懂得管理之道了。尤其他以「績效為核心的動態觀」，配合「提昇生產力為自我管理的指導原則」。他檢討的方式與先後次序，也都是採人性作法，先是察看哪些事做得不錯（挖掘長才）、有哪些是做得不好，但卻已盡力（短處的認知）、哪些是不夠努力的事以及做得很糟的事（瞭解個人的限制）。

這種作法於每週進行檢討，且力行「紀律」的文化，成為報社的真正文化，進而將紀律的文化落實到每一位編輯與記者的工作上，如此產生善的循環，好的成果，這是卓有成效的領導之道。

唐姆勞斯基利用兩小時計畫未來六個月的工作，當然，兩小時能規劃出什麼東西來，我們不得而知，可是透過兩小時的專注思考，卻是極為有效的專注力。並且自問自答自寫包括我該專心做哪些事？該改善哪些事？該學些什麼？以及未來六個月的工作與學習計畫，最後再經每個人深思熟慮後，慎重其事地繳交計畫書。這種「目標管理與自我控制」的雛形儼然已出現，也為杜拉克埋下「管理學」的種籽。

杜拉克將唐姆勞斯基視為偉大的導師的最大理由，就是啟發了他對管理學的思維。日後比爾・蓋茲也效法杜拉克先生，每年撥出兩週來做自我省思與規劃，證明了工作績效必須靠著自我評鑑才是上策。

知識，是可以攜帶的生產工具

知識工作者就是自己一生職涯中的老闆。

「知識」（knowledge）就是將資訊應用到特定的客戶身上所產生的成果，因此「知識工作者」（Knowledge Worker）意即透過運用知識、創意以及資訊的工作者。人類通過蒐集「資料」給予有效解讀後，篩選一些有效的「資訊」，再將有價值的資訊應用在特定的客戶身上，所產生的成果，我們則稱之為「知識」。

擁有了這些知識，就能提供我們有效的判斷與處方，最終能善用知識，並與知識的結合成為有價值的科技、醫學、網絡及各種專業的競爭力。就像我們將管理學的知識，應用到專業的不同領域上，就能產生有價值的知識，產權或專利產品的發明，最終便有了「智慧」的財產權了。

大多數人只知道從資料、資訊到知識，而僅有極少數人有意識與有能力地提煉為最有價值的智慧。所以，只有更少數的幾位大師級學者，無需繞遠路就能從「智慧」著手，最後又能將智慧分解為知識、資訊和有用的資料，這是何等的貢獻。

早在一九三五年，杜拉克便開始在美國的一些期刊雜誌上發表文章，從《維吉尼亞季評》到《週晚郵報》等等，不一而足。倫敦市的一切已使他感到厭煩，因為倫敦人過渡沈湎於想要恢復以前那美好時光的情緒裡，絲毫並沒感覺到一場不可避免的戰爭危機，正在國際間醞釀著。

杜拉克在內心深處，一直希望人們能停止抱怨過去。套句他在自己的書中，引述美國國父華盛頓的名言：「人們應該解決未來的問題」。因為美國是一個勇於面對未來的國家，杜拉克才深受其吸引。

由於杜拉克始終抱持著「對人類的終極關懷」，一九三七年元月，杜拉克已擁有好幾家大報駐美特派員的頭銜，包括後來改名為《金融時報》的《金融新聞報》。然而他到美國時的身分並不是新聞記者，照杜拉克自己的說法：「我是以作家身分來的。」

早在多年前，杜拉克就已經在《法蘭克福總指南》擔任資深編輯，他負責財經與國際新聞的撰稿。因此，他對當時的政經局勢與未來的趨勢演變，有著深刻的體認。他認為歐洲在一次世界大戰後的重建工作曠日廢時，但對於美國這塊土地，卻有著很深的期許。

但有趣的是杜拉克成長於歐洲，成熟於美洲，卻成名於亞洲的日本。由於他擁有獨立的思考能力，不受他人的左右。加上他具有無比的洞察力以及涉獵廣又深的不同領域，使他雖在年輕磨練淺薄的情況下，因而做出了一生最重大的決定，移居美國。

杜拉克喜歡用簡單、明確、清晰、具體可運作的角色定位，例如他告訴自己說：「我是以作家的身分來美國的，而不是新聞記者。」這是很不容易的選擇，因為在當時股市崩盤、經濟蕭條、百業不振、就業困難的環境下，能有個收入穩定的工作就不容易了，當作家出書結局大多是賠錢。但杜拉克依然不改其初衷，骨子裡流著維也納人不服輸的鬥志。

杜拉克是最早提出「知識工作者」這個名詞的人，一九五九年他就在《明日的里程碑》一書裡，率先提出這樣的概念。因為他自己就是實踐知識工作者特質的人。打從實習生、報社記者、保險證券分析師到執行秘書與經濟分析師，最終以作家身分移民美國，終生以作家為業，因此他會說「我靠寫作維生」。

杜拉克堅守以組織為「實驗室」，作為他寫作的素材，又靠著寫作來釐清許多概念。他的學生都至少擁有三年以上實務工作經驗，透過向學生學習，帶領世人走向下一個世紀，甚至於更遙遠的未來。

有效性是可以學會的，也是必須學的

人對了，事就對了，組織也就跟著對了。

有效性不是與生俱來的，而是一種學而後能的本領。據我長期觀察的結果，有效的知識工作者所做的，往往是一般人所不做的。

一個人的有效性，與他的智力、想像力或知識之間，幾乎沒有太大的關聯。有才華的人往往做事最無效，因為他們無法領悟才華不等於成就。他們不曉得一個人的才華，只有透過有目的、有條理、有系統的工作，才會產生有效性。

所以，這也就是「做對事比把事做對重要」的原則，最終是要強化一個人做對事的有效能力，這才是一些高效能人士所做的事，也就是一般人所不做的。

高效能是一種習慣，是一套近乎天性習慣作法的綜合。就像練習九九乘法一樣，需要不斷重複到厭煩，直到變成一種不經思索的條件反射，完全根深蒂固於腦海中，忘也忘不了。

小時候鋼琴老師曾氣憤地跟杜拉克說道：「你絕對沒辦法把莫札特彈得像施納貝

爾（Arthur Schnabel）一樣好，但你也沒理由不按照他的方式彈你的音符。」但杜拉克事後說：「鋼琴老師忘了補充一句，或許是因為那是再明白不過的，再偉大的鋼琴家若不一直繼續練習，也無法以他自己目前的水平彈奏莫札特的作品。」

杜拉克高效能的心智習慣是什麼呢？答案要從認識「高效能」究竟是什麼開始。「高效能」就是一堆做對事情的能耐，亦即做對事已成了他近乎天性的慣性作法。

杜拉克透過寫作出書，顧問諮詢、教導學生的慣性作法，一輩子幾乎沒有浪費時間在非生產性的活動上，所以他婉拒各國總統與領袖的約見，也拒絕「泰勒」的頒獎，直到二〇〇二年，才勉為其難接受美國布希總統所頒發的「自由勳章」，以表彰他在管理學領域的卓越貢獻，這是美國給予一般百姓最崇高的獎項。

杜拉克的「高效能」並不是與生俱來的天分，必須透過不斷地練習、練習、再練習。就像運動員、音樂家、繪畫大師，除了具有天分之外，也需要長期而不間斷地練習、練習、再練習一樣。

就算再平庸、再平凡的人，也一定能透過學習，勝任各種的慣性作法，當然也許永遠達不到精通的地步，因為這可能需要特殊的天賦。不過，高效能需要的只是基本能力，所以必須和自己的核心價值觀一致，萬一有衝突時，就必須做出取捨。

就像杜拉克一樣雖然具有經濟領域的長才，但他對人的行為的關注獨有鍾情，他才選擇成為「社會生態學家」。總之，高效能就是養成做對事情的心智習慣。

開創是孤獨的，卻有想像不到的偉大機會

世界真正的挑戰不在於技術，而在於管理。

公司裡的「技術人」容易訓練，也很容易找到，「管理人」則不易培養，也很難找到。有了真正的管理素養後，技術也就不費吹灰之力了。

技術需要管理，絕大部分的企業不缺技術，只缺管理；但有了管理之後，技術自然就水到渠成了。

管理到底是什麼？管理是觀念，而非技術；是自由，而非控制；是實務，而非理論，是績效，而非潛能；是責任，而非權力；是貢獻，而非升遷；是機會，而非問題，是簡單，而非複雜。

杜拉克和管理顧問工作的淵源，要回溯到二戰時期。當時美國參戰，由於杜拉克擁有博士學位，成為被動員的民間力量，奉命要向一位陸軍上校報到。

當杜拉克被告知他將擔任「管理顧問」的工作時，他完全不明瞭管理顧問是要做什麼。對於和上校打交道，也感到十分不自在。

原本他希望可以立刻瞭解未來的工作內容，但後來卻愈來愈沮喪。杜拉克實在按捺不住，只好正經地問：「長官，能不能請你告訴我，管理顧問究竟需要做那些事呢？」

「年輕人，不要這麼莽撞。」上校凝視他許久後回答。

杜拉克發現上校其實對管理顧問工作也一無所知，所以乾脆直接詢問上校：一、你的職掌為何？二、你目前面對什麼問題？三、你應採取那些作法？四、管理顧問的職掌為何？五、目前面對什麼問題？六、應採取那些作法？

杜拉克針對以上問題，提出了幾項選擇方案。上校很感興趣，完全接受杜拉克的提議，這也就是杜拉克第一個成功的顧問個案。

美國軍方也不知是那一位天才，能想出根本在書上或辭典找不到的名詞「管理顧問」。更糟的是連杜拉克的上司，也不清楚有這個頭銜的年輕人到底要做什麼事？這位陸軍上校時只好對杜拉克說：「不要這麼莽撞。」後來他才想起柯南・道爾所寫的《福爾摩斯探案》裡，有一個叫「顧問偵探」的頭銜。

有了這層認知，杜拉克又再度發揮他「問對問題」的能力，他乾脆直接詢問上校的職掌是什麼？以及目前面對了什麼問題？然後針對應該採取那些作法，以及他身為管理顧問該做的事，提出了幾項可行的選擇方案。最終得到陸軍上校的認可。

杜拉克這段在軍中的經歷，開啟了他後來成為超級顧問諮詢的大門，也奠定了他以企業為管理「實驗室」的開端。

一位管理顧問除了「知識」以外，別無任何權力，但管理顧問卻必須有效，不然就將一事無成，不能作為。可是有效的管理顧問，都有賴於委託組織的內部人士才能合作完成工作。

因此，管理顧問能否有所貢獻？能否達成成果？或者只是會變成組織裡的一個「成本中心」，至多只是變成一個被利用的角色，關鍵仍然在於「人」。

無論知識或資訊或創意，都必須融入工作，並有賴其他知識工作者的善用或統合，最終才能有效。反之，組織要能利用管理顧問的知識、創意和資訊作為資源、作為激勵、作為視野，也就是彼此之間，都需要相互善用彼此的產出才行。

「思考」就是「工作」

評估知識工作者的生產力，就是做對事的能力。

「思考」是知識工作者的核心能力。因此一旦知識工作者不花時間思考，就是不認真工作。一旦不認真工作，工作表現就會比體力工作者更糟。

問題是多數的在辦公室裡的知識工作者，根本就是沒頭沒腦地工作，人來上班只是搬運來了自己的軀體，卻把腦袋擱在家裡，最終既沒做對的事，也沒把事做對。「思考」是知識工作者的本分，他既然在「思考」，他就是在「工作」。「想」是他的責任，他既然是在「想」，他就是在「做」。

杜拉克剛從英國移民到美國紐約時，有位新鄰居是一家大製藥公司的研發部主任。杜拉克發現兩人都很愛下棋，偏偏棋藝都不怎麼高明，沒人想跟他們兩人對奕，所以兩人常一塊兒下棋。

有天，杜拉克一回家，見他一副焦躁不安的模樣。就問道：「怎麼了？史丹利。」一平常沈默寡言的他就說：「你曉得的，我老是跟你抱怨我們公司有多糟，簡直無可救藥，實在該整頓一下。六星期前，我們公司來了一位新總裁，他要成立一個預算委員會，所有的人都要提出一份預算，我就被任命為委員會的主席了。」

杜拉克聽了就說：「好極了！」但史丹利卻說：「可是新總裁要看的第一份預算，竟是研究經費的預算。我告訴他：『總裁先生，研究經費不就是在那一堆老鼠、天竺鼠、白老鼠和倉鼠皮下注射或灌食後，看牠們有了什麼變化才決定的呀！』總裁卻說：『既然如此，史丹利，請你遞出辭呈，並提名那隻最聰明的倉鼠，接替你成為研發部主任』。」

顯然史丹利並未察覺自己是個知識工作者，忘了自己身為大製藥公司的研發部主管，居然不知自己該做什麼，該想什麼。別以為把工作做得很賣力，做得很疲憊就是「生產力」，知識工作者若無法將知識有效地管理，就該去當體力工作者。

所以杜拉克指出：「知識管理有別於其他的管理。」在著手進行前，必須先掌握這三項前提，因為你不能憑直覺做事。

前提一，知識本身一直在變，你懂得愈多，它的變化就愈大。因此，你必須時時更新，處處留意，保持著一種求新求變的精神，才不致淪為自以為是的窘境。

前提二，知識是一項投資，必須加以整合變成產量。形成一個龐大的知識庫，作為使用時的特殊工具與材料。

前提三，知識必須集中，如果被分散，你只能獲得一點兒，那只是片段，這樣並不具有真正的生產力。

建立一個非獨裁式的工作環境

自由是一種力量，而這種力量源自於人類與生俱來的弱點。

「自由」是負責的選擇，唯有負責任的自由，才算是真正的自由。意即自由必須建立在責任的基礎上才有可能，否則就只是放蕩，任意行使不公義的自由而已。

曾與杜拉克同在紐約大學教書的戴明博士，曾對目標管理懷有敵意。戴明指出：「目標管理為目標導向，而非過程導向，這樣僅注重結果，不注重工具，與他一再強調的品質觀念，有許多違背的地方。」

戴明博士把杜拉克的目標誤解成「配額」，他批評道：「配額是改進品質與提昇生產力的一大障礙。我還沒有看過任何一家公司在訂定配額時，會同時建立一套幫助員工改善工作方法的系統。」

戴明博士甚至舉了一個例子，用來比喻杜拉克的目標管理，就是交通警察每天都要開出一定數量的交通違規罰單。但杜拉克解釋說：「戴明跟我是朋友，但他的主張現在已經完全過時了。品管是在工作現場進行，而新的品質控制是在設計階段，相對於量產的作法，這是劇烈的變革。」

杜拉克接著又說：「過去是工程師和製造人員互不往來，而且極度蔑視對方；工程師把製造部的人員視為工具機製造者，而製造人員則視工程師為傲慢自負的傢伙。如今，產品設計裡已經加進某些製造與品質的規格，這就是品質控制失勢的原因，反過來說，這就是品質設計抬頭的明證。」

但杜拉克並沒有繼續回應戴明，這是杜拉克為人厚道的地方。但把目標誤解成配額的人很多，並不是戴明的專利，其他太多太多的組織也都是如此，企業主只知要求員工目標額、控制屬下，卻忘了要善加管理，更別談所謂「自我控制」了。

這就難怪奇異電器公司能成為地球上最具競爭力的公司之一，更成為杜拉克心目中的「目標管理與自我控制」典範企業之一，其中的最大盲點則是戴明只看到表面的數字目標，忽略了杜拉克所指的目標是什麼？應該是什麼？杜拉克認為根本不是數字，而是要問的是我們的顧客是誰？我們的顧客應該是誰？根本不是交通警察要開多少張罰單的配額。

持平來說，杜拉克推廣目標管理的觀念，目的是要能落實每個知識工作者都能做到自我管理、自我控制，而非聽命於公司、受制於他人，甘心做一位奴隸，成為一項工具。若從這個角度來看，杜拉克與戴明博士的真正目的，其實都是要剔除「監督或驅策」，從而建立一個非獨裁式的工作環境。在這樣的環境下工作，員工將會更重視成就感與滿足感，更容易達成目標和品質的自我要求。

知識工作者不是屬下，而是工作伙伴

所有的知識都同樣通往「真理」。

同樣詮釋「真理」，卻有不一樣的表達方式。有人透過詩詞、有人撰寫文章、有人雕塑極品、有人舞動肢體、有人讚美歌頌、有人齊心歡唱。但無論如何表達，以什麼方式呈現，都能通往真理之途。

假如「完美」就是「真理」，那麼對於完美的追求，就是追求真理的同義詞。完美的境界雖高遠；真理的意境雖難抵，但其精神才是人類共同追求的理想，也是我們共同的期盼與寄望。

經常被人們所引用的道格拉斯・麥克奎格所著《企業的人性面》，書中主張：「經理人只能在僅有的兩種不同的管理方式，就是X理論和Y理論擇其一。」X理論認為人們有消極的工作原動力，而Y理論則認為人們有積極的工作原動力。接著他又強調：「Y理論是唯一的較佳選擇。」

杜拉克在一九五四年出版的《管理的聖經》（The Practice of Management）裡，他大致也如此主張。過了幾年，社會心理學家亞伯拉罕・馬斯洛《馬斯洛人性管理經典》一書中，證明了麥克奎格與杜拉克都犯了嚴重的錯誤。馬斯洛的結論是：「不同的人需要不一樣的管理方法。」

杜拉克主張能將管理權力下放，讓管理權力下放，讓員工能做到自我控制的境界，就像高階主管用以管理中階主管的那種方法。對於知識工作者自己負責的工作，經理人不必稱讚或指責他們，他們自己知道該怎麼做。

馬斯洛在他主編的《正統精神醫療管理》期刊裡；強調心理治療的基本目的，應是自我的整合，他批評「負責任的工作者」的觀念太過完美主義。但做人很公正客觀的杜拉克，依然多次協助再版印行馬斯洛的著作。

很多人至今仍然認為，有關於人的管理，只有一種正確的方法。所有組織裡的人及其管理的假設，也都以此假設為基礎。但現今即使是企業裡的全職員工，要找到能完全聽命行事的屬下，也會愈來愈少見，甚至於連基層員工也不例外。

現今的知識工作者已不是屬下，而是工作伙伴。通過實習或試用階段後，知識工作者比他們的上司，更瞭解他們自己的工作，不然公司雇用他們也就沒有意義了。事實上，他們比企業裡的任何人更懂得他們的工作。這時，所謂的X理論或Y理論，或其他任何人的管理理論，自然都派不上場了。

薪資結構不是經濟問題，而是社會問題

經濟誘因不再是一種報酬，反而變成了一項權利。

知識工作者透過善用資訊、創意與知識而工作，理當獲取應得的報償，這是天經地義的事。然而企業總是有意無意地以金錢收買人心，賄賂知識工作者是很不道德的行為；但同樣的知識工作者以高薪要脅企業，他們認為企業老闆不應將賺來的鈔票放入自己口袋。事實上他們把薪酬當是一種權利，完全無關合不合理了。

如此惡性循環下去，最終企業必然無法營運，員工走上街頭，老闆或高階經理人或許還能吃香喝辣去了，剩下了是什麼呢？當然是社會的問題了。

在一本由傑佛瑞・克拉姆斯的《百年經典十五講》書中寫道：「在一九八〇年代中期，杜拉克就越來越不認同美國企業的作法。企業ＣＥＯ薪酬的成長幅度，根據杜拉克的說法是『完完全全地失控。』企業ＣＥＯ的薪酬高達好幾百萬美元，還可以領取額外的股票選擇權，而這一切卻跟他們的公司績效表現無關，同時卻還有數以萬計的員工遭到資遣。」

杜拉克認為股票選擇權是獎勵錯誤成效的短視作法，因為這只為誘使經理人關心今天卻不顧未來；公司股價的表現。不應該成為企業ＣＥＯ薪酬的給付標準。

對於新資的結構，企業ＣＥＯ的薪酬往往是基層員工的數百倍以上，杜拉克認為這是可憎的。日本一般企業的ＣＥＯ和基層員工的薪酬差距，通常不超出四十倍。杜拉克因此開始譴責這些曾讓他深入研究超過四十年的企業。

這也可以解釋為何杜拉克開始將注意力轉移到非營利組織（ＮＰＯ），並且擔任許多年非營利組織的顧問。雖然他對企業界貪婪的ＣＥＯ抨擊是一針見血，但這些批判就像蚊子叮牛角一樣，沒產生多大的作用。

杜拉克認為企業ＣＥＯ的薪酬，應該以基層員工的二十倍為限；否則我們將為此付出慘重的代價，這些差勁的行為將導致企業資本主義的失敗。

杜拉克的一位朋友，擔任赫門米勒傢俱公司董事長的帝普雷（Max De Pree），接受了杜拉克的這項建議，嚴格實行二十比一的比例，而且根據公司整體績效調整主管的薪酬。在接受《華爾街日報》的採訪時帝普雷強調道：「人們必須開始去思考對大家都好的措施。」

杜拉克在接受《連線》（Wired）雜誌訪問時說：「目前受到人們高度關切的最新話題，當然是企業裁員的手段。我對這個問題感到十分困擾。為數不少的高階主管們，甚至以採取這類殘忍的措施為樂。無庸置疑的，現今社會已發展到一個地步，誰越殘忍，誰越會變成英雄。此外，訂定裁員政策的劊子手，竟然是那批在經濟上獲得最大好處的高階經理人。這是絕對無法原諒的一件事。」

時至今日，惡習依然未改，而且還變本加厲。資本主義被冠上貪婪的惡名，主要的原因就是企業CEO的高薪。尤其是自一九五〇年起，情況更加迅速惡化。一九五五年十二月，獨立工會的主席史萬林就指出：「在勞工階級實質所得不斷下降時，企業CEO待遇卻增加了將近五倍。」又根據《商業週刊》所進行的調查結果顯示，企業主管在一九九〇年賺得的年薪，是一般員工的二百零九倍之多。

杜拉克五十年來一直不間斷地嚴厲抨擊此一趨勢，但現在不僅美國如此，其他國家的企業也紛紛跟進，連中國大陸也不例外了。難怪杜拉克早在一九五〇年就寫道：「這已不是個經濟問題，而是社會性的問題。」

杜拉克敢於說出真話，直指問題的核心，並不擔心他的客戶掉頭就跑，也不怕得罪人，這種膽識與智慧的大聲疾呼，卻只獲得帝普雷的正面回應，其餘的CEO視若無睹，根本不當一回事。

薪酬問題已變成了社會毒素，人們痛恨高級主管支領高薪的情緒反應，已破壞了工廠內的政治與社會關係，使得勞資溝通更加困難。就像美國NBA籃球於二〇一一到二〇一二年球季所發生的現況一模一樣，老闆無視於全球NBA球迷的反應和權益，赤裸裸地展現貪婪，大大降低了高階經理人取得合法管理地位的可能性。

有效的溝通，必須建立於互信的基礎

關係不良是原因，溝通不良才是結果。

「溝通」（Communication）對於大多數人而言，簡直是一大挑戰。很多人總以為只要上一些課就能迎刃而解，結果卻令人感到懊惱不已。

「溝通」有這麼難嗎？「溝通」只是一堆技巧而已嗎？還只是一種表達的藝術嗎？人際互動真有這麼難嗎？這些問題即使你上完課，依然各說各話、莫衷一是。

「溝通」之所以毫無成效，關鍵在於當雙方利益衝突時，可以傷害對方來愛自己。因此，當關係一旦破裂時，「溝通」管道自然就封閉了。再多的談話也只是更少的溝通；再多的溝通也只能換來更少的成效，最終大家只好逼上談判桌了。

大師服務股份有限公司的前任董事長比爾．波拉德（Bill Pollord），有一回接受訪談時，提到他去日本的經驗。

他和杜拉克一起前往東京的研討會上講演，當時波拉德邀請日本的合夥人，請他從大阪來參與研討會，可是他卻不領情。波拉德表示這是一筆很大的生意機會，雖然當時大師服務公司一直還談不攏該筆生意。波拉德心想，自己都已到了日本，對方卻不想來見他，讓他越想越生氣。

當波拉德與杜拉克閒聊時，杜拉克就問波拉德想不想去大阪會見合夥人呢？波拉德回答道：「不想，我們都到了日本，他們卻連到東京來都不願意，我也不要到大阪去見他們。」當晚研討會結束後，杜拉克找了波拉德坐下來聊聊，告訴他關於「人際互動的哲理」。

波拉德後來回憶起杜拉克當時告訴他說：「你應該特地去大阪一趟，不僅是為了和好，而是要與需要重建關係的人先搞好關係，也是去瞭解這種特殊的做事方式，在日本文化中到底有什麼樣的價值。」

波拉德就坐著聆聽杜拉克說了一個多小時，聽他講解日本人思維的特殊運作方式。杜拉克總是會以某些知識或歷史資料，補充他的建議和見解。隔天波拉德就搭火車到大阪了。杜拉克的建議不僅幫助他重建關係，也幫他為營運找出解決方案，建立了更長期的互信關係。

杜拉克直指溝通的核心，就在於「關係的建立」，而不只是尋求溝通方法而已。然而關係的建立，需要長時間的培養與有效的經營，更重要的是要著眼於有效的貢獻。唯有貢獻才能建立良好的人群關係，讓意見溝通更順暢。

杜拉克所陳述的「人際互動的哲理要義」，若是少了貢獻的動機，就無法建立良好的長期關係，只停留在利益交換的層次關係，那就陷入溝而不通的泥沼裡了。

當然，杜拉克也不是說溝通就不重要，而是點出了關係更為重要。不然有了關係，而缺乏有效的溝通要領，仍然會造成某種障礙。因此，杜拉克要我們掌握「溝通的四原則」

一、溝通是一項知覺（Perception）

蘇格拉底曾說：「要根據他人擁有的經驗來與他溝通。」亦即一個人的認知範圍，有其文化和情緒上的認知限制。因為知覺並不等於邏輯，知覺只是一種經驗。所以僅靠一部分的表達，一個人永遠無法傳達一個想法。

二、溝通是一項期望（Expectation）

在溝通之前，我們必須知道接收者期望看到什麼、聽到什麼。

三、溝通造成要求（Demands）

要求接收者可以變成某種人、做某些事，或相信某些道理，就需要引發激勵。如果溝通者與接收者的渴望、價值觀以及目的相符，溝通就能快速有效。

四、溝通不同於資訊，甚至大部分對立，卻又相互倚賴

若溝通是一項知覺、甚至被使用，接收者就必須要收到並瞭解這些密碼。

有了這四項溝通原則之後，就能駕輕就熟地有效溝通，且建立更好的關係，好的關係就助於有效的溝通了。

同時保有善心和工作績效表現

光有善意無法取代績效，唯有管理。

「改變」自我，為什麼總是成效不彰呢？是不得要領呢？還是決心不足？或是恆心不夠呢？抑或是本性難移、劣根性強？

其實，命題錯了，怎麼會有對的答案呢？自古以來東西方的聖賢之士，都要我們人人成為聖賢人物，偏偏這都是錯誤的引導。

我們還是應該從較為實務的角度來自我衡量，重新自我定位，找出自己能做的，可以發揮的地方，予以強化、臻於極致。

至於缺點與限制，根本就無關緊要。自信心與人格建造若能逐漸養成，「自我改變」就產生了。

杜拉克認為「救世軍」（Salvation Army）就是一個很好的範例。

在美國的佛羅里達州，許多首次犯罪被警方逮捕的少年犯，大多出身於那些家境貧困的西班牙裔或黑人家庭。

該州法官不會將他們關入監獄，以免越關學得越壞，而是把他們視為假釋犯，直接給當地的救世軍監護，每年多達二萬五千名。

統計數字顯示，如果這批少年犯入獄服刑，其中大部分都會成為慣犯。然而透過救世軍志工提供的更生計畫，嚴格要求他們學習工作技能，多年之後再調查，其中有八成以上的人，證實已改過遷善。相較於把他們關進監獄所花的費用，「救世軍」的費用少得太多了。

由於杜拉克曾協助全世界最大的非營利組織之一的救世軍有成，因此救世軍將最高榮譽「伊凡吉琳布斯獎」（Evangeline Medal of freedom）頒給杜拉克，推崇他在非營利領域對於「積極行善」（positive good）的深遠影響。

救世軍的這項更生計畫，以及其他非營利組織執行的許多效果奇佳的計畫，背後所代表的重大意義，就是領導者對「管理」的全力支持。而在二十年前，還沒有人敢在非營利組織裡，談論這個太過世俗的東西。

因為只要提到管理，就會讓人聯想到做生意。而讓非營利組織引以為傲的，就是它們一向未受到營利主義的玷污。它們必須超越一些不雅的想法，例如盈虧觀念考量之上的層次。

如今大多數的非營利組織都已體認到管理的重要性，和企業相較，甚至有過之而無不及。這完全是因為它們未受過有關盈虧方面的培訓。

當然，非營利組織仍需秉持其「行善」的一貫宗旨。救世軍之所以如此成就，關鍵便是既有盈虧的概念運作，又有行善的積極作法，因而取得重大的成就。

杜拉克在歐洲求學、工作與成長，在美國教書、研究、諮詢與寫作，卻在日本落地、紮根、開花與結果以及成名。

但在這期間，他先是關注政治與社會的未來，發現政府的存在是它唯一的功能，因為我們不能沒有政府部門，但仰賴政府是不恰當的。

後來他將希望寄託於企業，以企業來建構社會，以管理成為社會的制度，更以管理來實現社會的創新，但他也發覺企業負責人的貪婪，最終他花了半個世紀之久的時間，全力協助第三部門的非營利組織，幫助眾多的組織實現使命，所產生的影響力與貢獻度，也遠遠超過企業與政府。

別落入「無診斷截肢」的困境和盲點

創業家所從事的工作，就是創造性的破壞。

「無診斷截肢」是一種嚴重的誤判，更是一種診斷上不可原諒的過失。

當然，他們都不是故意的，只是一時疏忽或懶惰造成的結果。不過很有可能他們做的其實是一件對的事，但因外在的環境已改變了，所以結果也就不甚理想了。

然而這裡所說的「一件對的事」，事實上還是一件錯的事。因為一套理論或一個學說，必須能接受長時間的檢驗和證實，否則就只是一堆垃圾，甚至於是重大的誤導而已。

杜拉克一九八三年在《富比世》雜誌撰寫了一篇名為〈熊彼得與凱因斯〉的文章，將這兩位本世紀最偉大經濟學家的經濟理論與學說，做了一次比較。這倆人都出生於一八八三年；熊彼得的家鄉是奧地利的小鎮；凱因斯的出生地則在英國的劍橋。

在他們兩人的世代，凱因斯出版了許多著作、發表多篇論文、舉辦許多場的研討會，及發表多次重要的演說，備受禮遇和尊崇，是世人矚目的焦點。然而在杜拉克的眼裡，熊彼得頂多只舉行了一場小規模的博士論文發表會而已。

但杜拉克認為，對於經濟理論與政策提出適當問題的人，卻是熊彼得。甚至未來三十年到五十年，熊彼得仍有可能繼續發揮影響力。

杜拉克將凱因斯描述為從古典經濟學派發展出來的「異端學說」，因為凱因斯提出的主要是「政府應如何維持經濟的均衡與穩固」；但熊彼得則被視為新古典經濟學派的「異教徒」，也就是他的老師們所建立的奧地利經濟學派。

熊彼得認為凱因斯根本就問錯了問題。對他而言，一個處於穩定均衡的經濟是健康、正常的經濟，此一假設就犯了基本的謬誤。相反的，現代經濟就是一直處在動盪不安，變幻無常的處境，其中有某些產業被淘汰；而另外一些產業會陸續興起，這樣的現代經濟，可說是處於一個「動態不均衡」的狀態。

熊彼得主張「創新，就是將資源從老舊與過時的地方，移往新的、更有生產力的地方，從事創業型活動，本來這就是經濟的本質，當然也是現代經濟的本質。」

杜拉克對於經濟其實很內行，只是自認為不是自己的價值所在，因而沒有繼續發展下去。但他對於經濟的現況以及世界的經濟動態，依然保持關注和研究。尤其對於同屬於來自歐洲的兩大經濟學家的論點，更有諸多著墨。

他之所以認為凱因斯是「異端邪說」，不單是因他的命題錯誤，更為重要的是他的主張根本是行不通的，甚至於可能造成更大的災難。但世上有不少的國家的政府當局，依然抱著凱因斯不放，這種僅求短期刺激，不顧將來的作法，事實上只會導致「無診斷截肢」的惡運，最終走上衰敗的不歸路。

為了維持經濟均衡而運用貨幣、信用、政府花費以及需求等槓桿因子的政府派經濟學家，都是凱因斯學派的擁護者。那些在充滿風險與機會的投資活動中，不斷以「創造性的破壞」掀起一陣陣狂風巨浪的創業家，則是熊彼得經濟學派的偶像。凱因斯以其「科技與創業的高度連續性」的論點，成為戰後經濟的先知；熊彼得則是不連續時代的先知。熊彼得所著重的，是從管理型的經濟推進到創業型的經濟過程中，人類已面臨了微妙而巨大的轉變，這也是杜拉克所一貫主張的論點。

杜拉克一眼就看出「創業精神」，這是基於經濟與社會理論，該理論視改變為健康的常態。這也是法國經濟學家塞伊在二百多年前創造「創業家」這個名詞時所要表達的意義。它是用來當作一種不滿的宣告：「創業家破壞現狀、搞亂秩序。如同熊彼得所歸納的，創業家所從事的工作是『創造性的破壞』。」

管理學是一種世界的經濟制度

人不僅僅是成本、更是一項資源；管理不僅僅是一項工具，更是一項專業。

「有效性」要是有秘訣，最多也只是「專注力」了。

一個人唯有在一個時間僅做一件事，才可能有所成效，但有時也不盡然如此，原因就是要先確認這件事是否是一件對的事、該做的事，否則縱然是專注而投入，其結果恐怕無法想像。

但就算是正確的事、該做的事，你使盡全力，專心投入也未必就能如願以償。因此，要能專注於一件事於一個時間、一個焦點上，直到有成效。你也必須仰賴於團隊的力量與共同的價值觀，尤其是「目標管理與自我控制」的哲學思想，才能發揮真正的影響力。

杜拉克在一九五九年首次造訪日本時，看到這裡的人上下一心，對於重建工作的決心十分驚人。

由於日本在戰後全國人民的心理都嚴重受挫，因此那股巨大的重建需求，以及全心投入的精神，可說是非常驚人的。

杜拉克從一九五九年到一九八五年為止，總計前往日本二十三次之多，而且每次都停留三到四週的時間，針對政府高級官員、企業社長以及一些非營利機構的負責人進行研討會、座談會以及講授課程或講演等活動，傳授人力資源以及行銷的正確概念，因而獲得廣大的回響。

從此之後，日本的生產力直線上昇，使得日本一時之間經濟突飛猛進，直逼強大的美國，成為世界的第二大經濟強權。

此時杜拉克的影響力與日俱增，成為名符其實的管理大師，因此更加受到美國企業的重視，紛紛登門求教，拜師請益。

但當他第一次訪問日本時，對著日本的商界領袖講演，雖然很受聽眾歡迎，但卻不能得到成效。

例如有兩位日本的企業高階主管，聽完了他的演講後。其中一位問：「朋友，你喜歡杜拉克嗎？」另一位回道：「非常喜歡。」接著兩人就談及他們聽到的各種理論，以及這些理論對他們何等重要，但其中一位就問道：「你去年聽了杜拉克的演講後，有了什麼行動呢？」另一人回答說：「什麼都沒有。」「那麼明年你還會再來聽他的演講嗎？」那人回答說：「噢！會的。」

杜拉克其實對日本下過很大的功夫，先是研究日本藝術，接著又對日本歷史極有興趣，最後深入了日本文化。他對日本有著相當的瞭解與洞察，這種對客戶的熟悉和掌握，讓他不像其他大師只知教他們工具使用，並沒有撬開他們沉睡的心靈與未開發的大腦。

當杜拉克回到美國，預言日本將成為下一個經濟霸權。在一九五〇年代，每一個人都認為他瘋了。因為統計數據無法證實他的說法，但後來日本重建的目標達成，人們才驚訝杜拉克的高瞻遠矚。

有一回，杜拉克對著商界的社長演講，結束後有位社長舉手問杜拉克道：「我們學西方的管理有用嗎？」

「沒用。」杜拉克直接了當地回應著。

社長又追問：「既然沒用，我們為什麼還要學呢？」

杜拉克告訴他：「除非你能轉換為『日本式的管理』。」

日本人聽進去了，也做出來了，果然帶動了日本戰後非凡的成就與經濟的爆發力。

你不能叫醒一個正在假睡的人

再多的財富也無法滿足人的貪心。

「收買」等於是變相的賄賂行為，或者是合法的綁架舉動。可是在職場上，為什麼被收買者也甘心樂意地接納賄賂呢？知識工作者為什麼會願意伸出雙手接受雇主或上司的綁架呢？

這個現象會愈演愈烈，以致一發不可收拾，就是知識工作者「不拿白不拿」的短視心理，造成一個願打，一個願挨的現象。該如何叫醒一個正在假睡的人呢？問題的一面是老闆，另一面則是知識工作者。

杜拉克一再強調：「我們所謂的資訊革命，其實是一場知識革命。如果企業主將知識專業人士視為傳統員工，並照以往的方式對待他們，就等於過去英國把技術專家當生意人對待一樣，最後也落得競爭力流失的下場。」

「不過，目前我們正像腳踏兩條船；一方面抱持著傳統心態，認為資本才是主要資源，提供財源的人是老闆；另一方面又透過發放獎金與股票選擇權，收買知識工作者，讓他們甘願保持傳統的員工地位。」

杜拉克提出警告：「但除非新興產業也能像網路事業早期一樣，享有股市榮景，否則這種作法根本行不通。未來出現的重要產業，可能比較像傳統產業；也就是說，成長會變得相當緩慢而費勁。」

杜拉克是一位道德家，對於即使是司空見慣的現實，也要拿出來檢驗一番。對於大多數的知識分子而言，可說是視而不見、充耳不聞。因為他們會問：「這關我什麼事？我為什麼要得罪人？」尤其是一旦檢驗，勢必雙方都得罪，一點也沒好處，反而是惹人厭。

可是杜拉克並不怎麼想，雖然無法叫醒兩個正在假睡的人，但他們卻聽到了。至於能否自我醒悟？何時能自我醒悟？杜拉克並不去期待。他認為企業主收買知識工作者是根本是行不通的。

在這些事業中的重要知識工作者，當然繼續期望在金錢方面能分享自己努力的成果。但這種金錢報酬如果真能實現，通常也要花比較久的時間。

這種做法最大的缺點，就是事業在最初的十年內，如果以短期股東價值為首要目標，反而會破壞生產力。這些新知識型產業的績效，將愈來愈依賴在經營方式上能否吸引、留住並激勵知識工作者。

但我們現在所做的，只是在滿足知識工作者的貪慾。一旦這些激勵不夠時，企業主就必須滿足他們的價值觀，並給予他們社會的肯定與權力。

這種作法也意味著，不管知識工作者領的薪酬多高，都必須讓他們由部屬變成主管，由員工變成合夥人。

不論是老闆不惜重金挖角，或是為留住奇才而以利誘收買人心，最終就不難看見惡性循環、人去樓空。二〇一一年的美國職業籃球（NBA）勞資對立就是明證，養肥的胃口根本無法自動瘦下去，雙方為利益不得不翻臉，搞得人心惶惶、不知所措。

製造業更是如此，若遇景氣衰退或訂單下滑，老闆動不動就來個下馬威，無薪假七天，甚至半個月，有時還更長，甚至於無上限。

但我們看那些優質的公司，不但拒絕半薪、無薪，還要與員工共渡難關；員工為了回報公司，也願意自動減薪，甚至無薪以紓解公司所面對的重大危機，建立一家彼此互信，相互支持，擁有生命共同體的價值觀。

管理不僅是一項工具，更是一項專業

有管理的地方，就是有文明的地方。

「管理」（Management）不是控制，更不是控管，而是一種效能與效率的綜合；大到世界、小到個人，處處都需要管理。因為唯有透過有效的管理，才能將資源轉換為生產力；將產品與服務轉換成客戶的購買力；將購買力轉換成公司的營業額。

若能實現企業經營唯一正確而有效的定義，就是創造顧客。對內則可驗證「員工的價值與績效的邏輯」，真正做到管理的目的和意義。

杜拉克曾在接受一位記者質疑時說道：「《彼得・杜拉克的管理聖經》一書上市後，人們就可能從這本書上學到如何管理。在這之前，似乎只有極少數天才懂得管理，其他人卻複製不來。於是我決定寫一本有關這個領域的書，讓它成為一門學科。」

記者追問：「那麼其中的內容應該不是你發明的吧？」

杜拉克答說：「大部分是的。」

面對記者的疑惑，杜拉克又補上一段說明：「聽著，如果你不瞭解某件事，就不可能複製它。那麼，我們就不能說某件事已被發明了，只能說大家一直在做這件事。」從這個角度而言，杜拉克確實發明了「管理學」。

在管理的黑暗大陸中，杜拉克展開了他的探險之旅；就如他所說：「在任何事業中，經理人都是一種動態的、能帶動組織生命活力的要素。」

杜拉克在這本書中，特別強調管理的重要性：「在人類社會演進的過程中，管理的出現，無疑是一個重大的轉捩點。未來西方文明將延續多久，管理就有可能持續扮演主導這個社會制度的角色，管理傳達了現代西方社會的基本信仰。」

杜拉克十分用心地找來一些醫學術語，幫助我們瞭解這個新領域，例如他說：「什麼是管理呢？管理究竟要做些什麼事呢？其實管理就像是人體的一個器官，我們必須從它的功能來界定這個器官。」

從一個具體的企業組織來看，管理的第一個功能，就是要管理該組織所從事的事業；第二個功能是管理經理人；第三個功能才是管理員工與工作。

杜拉克更進一步指出：「管理有三項同等重要但本質不同的任務，管理階層必須執行這些任務，使組織能運作且有所貢獻。第一是執行組織的特定目的與使命；第二是使工作具生產力並讓員工有成就感；第三則是經營社會影響力與社會責任。」

杜拉克的管理是一種文化及價值系統，因為管理也是一種方法，透過這個方法能使社會本身的價值與信念具有生產力；管理還可以被視為一座溝通全世界的橋樑，對達成人類的共同目的有所助益。事實上，「管理已經變成一個真正的世界經濟制度。」

從這一觀點而言，杜拉克是透過管理來創造一個全新的文明世界，這一點應該是值得期待的。總之，管理是關乎人的；因此管理的任務，就是要讓一群人有效地發揮其長才，盡量避開其短處，從而讓他們共同做出績效來。然而企業的績效僅存於企業外部，因為一個企業的績效是滿意的顧客，一個企業的內部只有成本和努力。

杜拉克晚年時曾自我慨嘆道：「如果能讓我年輕十歲，我很想到中國來傳播管理。」其實他已看到了下一個世紀中國將急速崛起，並影響全球各地，如今歷史也證明了此一事實。

總之，管理就是一項世界的共同基本信仰。有管理的地方，就是有文明的地方。

Part 3

組織DNA

杜拉克心目中最完美的企業CEO，
竟然不是通用汽車的史隆，
也不是奇異公司的總裁傑克．偉爾許；
而是古埃及造金字塔的工程師。
因為萬名工人需要的不是一個工地，
而是一個城市，這城市也就是組織，
因此管理人需要具有「組織DNA」。

願景的實現不靠能力，而是意志力

沒有目標就不能管理、沒有自我控制便不能管理自己。

在組織裡，在歷史上，大多數人庸庸碌碌，僅有少數人能成功。究竟失敗者是能力問題？還是運氣緣故？抑或是未能堅持、半途而廢？或是要得太多、太雜，以致於精力分散了，一事無成。

杜拉克就讀漢堡大學法學院時，每週都會去德國漢堡歌劇院欣賞節目。這座歌劇院是全球知名的歌劇院，票價當然不低。而杜拉克在棉花出口貿易公司擔任儲備人員，資方是不支付薪水的，以致他的經濟十分拮据。

幸好當時歐洲的歌劇院，都有個很人性化的規定，就是對大學生有特別的優待，但必須在表演開始前的一小時到場等候。歌劇院往往會在演出前十分鐘，將後方座位尚未賣出的低價票，免費送給大學生。

有一晚，杜拉克聽到義大利作曲家威爾第（Giuseppe Verdi）在一八九三年所寫的最後一齣歌劇《法爾斯塔夫》（Falstaff）。當晚，他完全被這齣歌劇所震撼。

杜拉克在年幼時受過良好的音樂教育，加上維也納是個音樂之都，深受環境的薰陶的他，雖然過去也聆聽過許多歌劇，但卻從不曾聽過與《法爾斯塔夫》類似的創作。

當他聆聽到《法爾斯塔夫》時，也看到舞台上那充滿歡樂、生氣蓬勃而且活力四射的精彩演出，因此促使他對威爾第這個人，產生了無比的興趣。

事後杜拉克也對這齣歌劇作了些研究，他十分驚訝地發現，這齣歌劇竟然是出自於一位八十歲的老人之手。這對年僅十八歲的杜拉克來說，八十歲簡直是個不可思議的年齡，他甚至懷疑自己是否曾認識過這種年紀的人。

以二十世紀初的人類平均壽命而言，一般人能活過五十歲就很不容易了，八十歲這樣高齡實在罕見。之後，他又讀到威爾第本人所寫的文章，提及有人問他：「為何已成為十九世紀最傑出的歌劇作曲家後，還在如此高齡下奮力不懈，而且完成的還是一部極為艱難的創作。」

威爾第回答道：「我在一生中，尤其是在音樂家生涯裡，我努力追求完美，可惜一直未能如願，因此我有責任再試一回。」

杜拉克讀到了這句話後，一生中從未忘掉，這些也在他腦海裡留下難以磨滅的印象。因為威爾第在十八歲時，已經是一位傑出的音樂家了。但杜拉克當時對自己的前途卻根本毫無概念，只曉得自己在棉織品出口上不可能有什麼成就。

不過當時的他就已下定決心，不管這輩子究竟要做什麼，都要以威爾第的這段話作為指導原則。同時也下定決心，就算年齡再大也絕不放棄，要繼續努力下去。

杜拉克十八歲就下定決心，願意以威爾第為典範，以他的精神為指導原則，立下了人生的目標和願景，歷經了七十七年的歲月，直到他九十五歲的高齡。為什麼他能如此堅定，關鍵在於他能「遵守自己的諾言」，一旦確定目標和願景，必定以誠實正直貫徹始終。

小人常立志，君子立常志。一個不畏環境好壞，肯為自己的行為負責，樂意為自己的興趣付出，並完全享受奮鬥過程、享受人生的人，縱然一輩子也無法達到「完美」，但卻能永遠陶醉在追求完美中的不完美樂趣，這才是個有願景，並且能管理自己的人吧！

發掘、邀請與重用人才

「用人」在組織裡是一大關鍵。找對人做對的事才會有對的成果，用錯人不是虐待人，便是傷害自己、毀壞組織。

然而某些老闆在找人時，可說是面面俱到、無懈可擊，但在用人時卻變得狀況連連。反之有些老闆不擅於找人，但用人卻堪稱一絕，甚至能將二三流的人才，培育成為頂尖人才。

但是當老闆或長官的人，若是既能尋覓人才，又能重用人才，這樣的組織必定是卓越的組織，成就當然也就指日可待。

杜拉克《經濟人的末日》在一九三九年春天出版後，立刻收到美國《時代》、《財星》與《生活》等雜誌的老闆魯斯寫的親筆信。魯斯說讀了杜拉克的書之後非常激賞，希望邀他一起討論書中的理念。

杜拉克因此受邀，與魯斯暨魯斯夫人一起在紐約的一家高級餐廳用餐。魯斯提出的問題相當有深度，顯然地細讀過了杜拉克的書。但魯斯夫人太太並沒有讀過這書，

用人該先看這個人能做些什麼，而不是看這職位要求的是什麼。

她轉過來給了杜拉克一個微笑，問說：「杜拉克先生，《經濟人》將會被《性感男人》取代，不是嗎？」

其實魯斯真正感興趣的不是杜拉克的書，而是杜拉克這個人。本來他就想撤換幾位《時代》的國外新聞編輯。因此他接著說：「你是代替他最好的人選，過幾個星期可否來公司，看看這個工作合不合適，如果職位不合意，你再看還能為我們做些別的。」

杜拉克看著魯斯不停地在遊說，就請問說：「但是，魯斯先生，除了這本書，你對我可說是一無所知啊！」

「不，你這麼說就錯了，我可是很用功的人。」於是他從公事包裡拿出兩個檔案夾，一厚、一薄，他指著厚的那一疊：「這裡面是你抵達美國之前，在英國報紙上發表的東西，還有你每個月為銀行客戶寫的經濟通訊。」

在杜拉克的驚訝中，他又指著薄的那個檔案夾說：「這是你來到美國後，在雜誌上寫的文章。」

他把兩個資料夾都交給杜拉克，這時杜拉克才發現，剪貼下來的每一篇文章與報告，魯斯都讀得十分仔細，還在邊緣空白處，加上不少註解和評論，這些眉批顯然就是魯斯本人的手筆。

魯斯的這一手，對杜拉克來說，還真是一大引誘。當時能成為《時代》的國際新聞編輯，是每位年輕作家的共同美夢，而且待遇還是出奇的優厚。

雖然杜拉克心中依然存有疑慮，因為他早已研究過《時代》的行事方式，發現那種團隊新聞作業，就是所謂的「魯斯風格」，並不合自己的胃口。

「求才若渴」是美國報閥魯斯成功的不二法門，他手下有三大雜誌《時代》、《財星》與《生活》，當時紅遍歐美，但他仍不滿足，還在積極遍尋人才，連對岸歐洲的人才也不放過，因此杜拉克也難逃他的法眼，不但細讀他的第一本著作，還搜集了他在歐洲與美洲發表的所有文章，更了不起的是加上他自己的註解與評論，可見他對杜拉克下了多大的功夫。這種愛才、惜才、重才的執著態度，也難怪能打造出這樣的媒體王國。

但年輕的杜拉克，也不是省油的燈，在接受魯斯的邀請共餐時，也挑戰了魯斯的底線，質疑魯斯對他一無所知。誰知道魯斯是有備而來，早已做足了功課，這種邀請人才的誠意，怎能不令受邀者感動呢？

領導者最該做的一件事，就是發掘人才、邀請人才與重用人才。從杜拉克與魯斯的餐會裡，我們發現魯斯做到了，

做每一件事時，都要考慮到傻瓜

任何事情到了最後，總是要經由一些傻瓜來執行。

職場上大家都知道，「計畫」趕不上變化，變化不如老闆的一通電話；但事實上，計畫之所以不牢靠，就是因為計畫往往不夠周全，以致未能付諸行動。

「計畫」之所以能落實，關鍵在於思考縝密、邊界條件精細。好的計畫一定會問道：「這件事該做嗎？」另外像是誰來做？給誰做？在哪做？何時做？何時完成？何時開始做呢？期待什麼樣的成果？都該包括在內。包含這些條件後，才可付諸行動。

有一次杜拉克提出一分詳盡的企劃書，打算讓自己服務的銀行，買下一家營運不良公司的股權，然後進行重整。弗利柏格是這家銀行裡三位合夥人中年紀最長的，那時剛過七十五歲生日，但依然精力過盛。

弗利柏格出身猶太富豪家族，總以身為銀行家自豪，宣稱家族二百年來的銀行傳統，都在他的骨子裡。結果他看了之後說道：

「很好，我們把路易斯找來測試一下，看看他覺得你的計畫怎麼樣呢？」

杜拉克大惑不解地問：「但是，弗利格伯先生，路易斯是我們公司裡年紀最輕的記帳員，而且正如您在幾天前觀察的心得，這個人簡直是笨蛋。」

「沒錯，」弗利柏格答道：「如果連他都可以瞭解你的計畫，我們就進行吧！假使他不能明瞭，這個計畫恐怕太複雜，根本無法運作。我們做每一件事時，都要考慮到傻瓜，因為任何事情到了最後，總是要經由一些傻瓜來執行。」

杜拉克在銀行擔任經濟分析師時，撰寫的這分關於「購併案」的企劃書，在一九三〇年代，簡直是一件破天荒的商業事件，能兼顧「併購與重整」的思路，已經可說是史上頭一遭，讓杜拉克提早進入「決策思維」的領域，得以熟悉商業營運模式的實際運作。

但杜拉克的上司弗利柏格，即使在看過之後非常讚賞他的企劃書，卻要杜拉克找公司最笨的年輕記帳員路易斯測試一下，弗利柏格告誡杜拉克的那一句：「我們做每一件事時，都要考慮到傻瓜，因為任何事情到了最後，總是要經由一些傻瓜來執行。」在管理學上還真是至理名言。

要完成一件重要的事，規劃者必定要在基層人員所能理解的範圍內思考，最後才有可能貫徹落實，否則永遠只是紙上談兵，而管理學所強調的就是執行力。

對一個公司來說，不必擔心有笨蛋同事或傻瓜屬下，只有優秀的經理人和差勁的經理人之分。

不要停留在數字與數據的陷阱裡

「創業」是一種冒險的行為，也是一種機會的實現，它代表著創業者願意視改變為機會。

但「創業家」本身並不能引發改變，只能不斷地在尋找改變，並視改變為一種機會而加以利用，這就是「創業精神」。

> 企業家所從事的工作，就是「創造性的破壞」。

亨利伯伯出身於德國小鎮的猶太社區，父親是個肉販，家中兄弟姊妹甚多。因為家境窮苦，按當年的習俗，孩子一長大就必須離家，通常是前往美國打天下。

亨利伯伯在美國中西部一個小鎮，開了一家小百貨店。那可是該鎮的第一家，隨著工業的發展，在一八九〇年代末期，亨利伯伯已經飛黃騰達了，原本的小百貨店已成了十二樓的「伯恩翰百貨公司」。

到了一九七〇年代，小鎮已成了百萬人口以上的城市，亨利伯伯的百貨公司在當地早已享有盛名，也送兒子艾爾文進入剛建校的哈佛商學院就讀。艾爾文獲得企管碩士學位時，看到父親經營的百貨公司這麼缺乏效率，也沒有主管學過管理，認為公司前途實在是太危險了。

艾爾文對父親說：「您連賺多少錢都搞不清楚，這公司要怎麼經營？」亨利伯伯沒解釋，只說：「孩子，跟我來。」於是領著他搭電梯到頂樓。

亨利伯伯不發一言，到處走動，看著顧客、商品、忙碌的售貨員，然後又走到下一層樓。他一直重複著這個步驟，始終不說一句話，直到他和兒子走到地下一樓、二樓、三樓，終於到了大樓的最底層，才對著在牆壁突出的架子說：

「孩子，這有一匹布，當年我就是靠這個起家的。」

杜拉克常會在學校裡，把這則故事說給班上的研究生聽，但是他們卻不太能瞭解。這「一匹布」的故事，究竟想要傳達什麼呢？一匹布有這麼重要嗎？

雖然對亨利伯伯來說，一匹布是如此意義重大，但對於兒子艾爾文而言，那些都已成過去了，根本就是老掉牙的故事。現在最該去瞭解和重視的，應該是賺了多少錢的數據，為何老爸不能認同自己的看法呢？難道這不是老爸送我來念哈佛大學商學院的理由嗎？

不賺錢的事業是有罪的，因為對不起社會將財富資源託付給我們經營，最終卻辜負了社會的期待和付託。杜拉克想要傳達的是企業第一代和第二代的思維，竟然如此的南轅北轍。

老一代的觀念，或許依然停留在他的成功經驗裡，忘了參考客觀的數據，只單純地認定要走入市場、走近客戶，並感受顧客的呼吸脈動與頻率。

但受過完整教育的第二代，卻往往不太相信老爸那一套作法，總認為他不科學、非理性、無法在未來的競爭環境中生存下來。

一匹布代表著亨利伯伯創業的精神，但他為什麼不直接告訴兒子答案呢？杜拉克之所以會對研究生提出這個案例，原因也就是要告訴研究生們，你們將來畢業後，就是艾爾文第二，會有同樣的疑惑。千萬不要停留在一堆數字與數據的陷阱，以及堆積如山的理論裡；瞧不起上司或老爸，最終吃虧的恐怕就是自己和公司了。

要做個不信預言的預言家

「真正的問題」絕大多數都是屬於結構性的問題，要不然是先天的問題。不管是什麼問題，只要是「真正的問題」，都不可能會有簡單的答案。

像組織裡的真正問題是「人」，然而要解決這個真正的問題，不是加薪就可以辦到的，更不是讓組織不斷地成長就能滿足答案。

同樣的，企業的所有問題都在客戶身上，但企業的「真正問題」，並不完全在客戶身上，你同意嗎？

任何真正的問題，都不會有簡單的答案。

杜拉克一再強調他不喜歡預言，因為一九二九年他就學聰明了。當年他在一家大英文報社，找到第一份體面的工作，然後到了當年十月，他預言紐約的股市交易崩盤不會持續，事實發展卻相反，從此他再也不做預言了。

但一九三三年杜拉克斷言馬克斯主義的全盤失敗，以及預言史達林最終一定會和希特勒簽訂協定，這些後來卻都應驗了。

後來他又預言社會上的中產階級將消失，意即M型社會來了；而且退休年齡會延後，老年人的比例越來越高，新移民造成了社會問題，也會增加社會的成本；甚至杜拉克認為金融業將陷入困境，沒幾年就要出大問題，自營交易形同賭博。這些預言在他去世後，果真也都一一應驗了。

杜拉克為什麼不相信「預言」這回事呢？因為他認為「預言」是在吹牛，一個人無法看透天意，更無法測試未來；解決之道只有「創造未來」。

但要創造未來，需先認知過去所發生的種種，包括產業的消失、變遷、巨變以及人才的多寡；社會人口的統計學、人口重心、人口的趨勢變化；科技的研發與新產品的更換速度以及未來的主流產品。

雖然我們無法駕馭未來，但我們卻可以走在變化之前。因為我們若不考慮立即的未來，就沒有更遠的未來；但如果為了立即的未來，犧牲了更遠的未來，企業很快就沒有未來。

其實杜拉克的預言，除了早期紐約的股市大崩盤的預測失靈外，其餘的預測還都是精準無比，可以說他是一位「不信預言的預言家」。

一九九九年大家在慶祝杜拉克九十大壽時，他預估二〇〇九年當他百歲時，全球會有五家汽車大廠，但通用汽車並不在其列。當時通用汽車還是龍頭企業，十年後杜拉克已去世了，但生前的預言卻照樣應驗。

杜拉克總是說：「我沒有預言，我只是剛好注意到，我不做預言。」好一個「我剛好注意到」，尤其「剛好」這字眼的確難得。

在這世上，絕大部分的預言家，都未能掌握到「剛好」。這是高難度，也是極為不易拿捏恰當的地方。

過早預測大家無法置信，但過晚也就無需多費唇舌。意即「過早」注意到並沒有辦法引起重大關注，但「過晚」已無法實施對策，預測也就失去意義了。因為我們從這裡也能看到杜拉克的語言魅力呈現，更見識到他極其謙卑的表現。

一個人若能看見真正的問題，就離機會不遠了。

杜拉克堅持不要「預言家」或「未來趨勢大師」的虛銜，因為一個不信預言的預言家，往往愈靠近事實真相。

用最柔軟的身段表達最堅定的立場

釘子是為鐵鎚而存在的，反過來說，鐵鎚不也為釘子而創造的嗎？

社會心理學家馬斯洛說：「假如只有鐵鎚，其他東西看起來都會像釘子。」在公司裡，老闆或有權力的上司若是「鐵鎚」，那麼其他的屬下看起來都會像釘子。但反過來說，假如只有釘子，那麼其他的東西看起來都會像鐵鎚嗎？一根欠揍的釘子，自然就會想像每樣東西好像都想揍它。

當然這只是一種比喻性的說法，馬斯洛先生只是要告訴這些當慣老闆的人，習慣把每個人當作自己的員工，同樣的員工也很可能習慣地聽命於上司，根本不懂如何思考。事實上，鐵鎚的主要功能便是敲打釘子，少了釘子，鐵鎚又有價值何言呢？反之，沒有鐵鎚的釘子，又有何用呢？所以，釘子是為鐵鎚而存在的，反過來說，鐵鎚不也為釘子而創造的嗎？

當《財星》雜誌剛創刊後不久，外界都謠傳有些企業主管，私底下說服或是賄賂《財星》的編輯或執筆，要他們取消有關自己公司的報導。

但是負責寫ＩＢＭ公司那則報導執筆的年輕人，並不了解「深度報導」和「抹黑」是有所不同的。ＩＢＭ當時還只是一家中型的公司，在經濟大恐慌時不但不裁員、照樣付週薪或月薪聘正職員工，還提供培訓課程；另外員工在工作中沒有監工，只有助理協助整個團隊，在一九二〇年代，他們不但度過了大蕭條的危機，規模還越來越大。

但這位年輕人卻故意不寫這些現象，反而集中力量，針對創始人華特生進行人身攻擊，稱他為「美國的希特勒」或「新集權頭目」。例如華特生嚴禁任何人在辦公室飲酒，甚至連在供員工休閒的鄉村俱樂部，也絕對禁止供應含酒精性飲料。這點在那年輕記者眼中，簡直是罪大惡極，因此義憤填膺、大加撻伐，卻忘了怎樣客觀報導。

《財星》在每一則企業報導出版前，都會先把文稿送給該企業過目，並請指陳其中有違事實之處，但並不保證一定會更正。但由於時間太遲了，這篇稿子還是刊出了，最後杜拉克只好要求報閥魯斯卜令，將ＩＢＭ的電話直接轉給他來處理，不要讓他們直接接觸原來的執筆人。

兩天後，ＩＢＭ終於電話來了。恰巧，原來的執筆人正坐在杜拉克的正對面，和他討論那篇稿子。

「我是華特生，我想和貴社撰寫有關ＩＢＭ那篇文章的執筆人談談。」

「對不起，他不在。您可以跟我討論。我是杜拉克，負責那篇文章的編輯。」

「我不是要討論那篇報導，我只是想和執筆人本人談一談。」

「可否先告訴我，我一定會代為轉告。」

「你跟他說，我希望他加入ＩＢＭ，作我們公關部主任。薪酬多少，由他自己定。」

「華特生先生，您該瞭解，不管執筆人是不是仍在本雜誌服務，那篇文章還是會刊登出來的。」

「我當然知道這點。如果你們不登，他也不用來ＩＢＭ了。」

「對不起，華特生先生，您看過那篇文章了嗎？」

聽杜拉克這麼一問，電話那一頭出現憤怒的聲音：「有關我自己和我公司的報導，我怎麼會放過呢？」

「那麼，您還想讓執筆人作你們的公關主任呢？」

「當然，至少他對我很認真。」（取材自《旁觀者》一書）

其實華特生要找的人，是報導且修理ＩＢＭ的執筆人，但杜拉克還是展現出勇敢、機智、犀利、冷靜的處理態度，主動積極地替年輕的執筆解圍脫困，同時還要求是由報閥魯斯下達指令，以符合程序原則和不越權過問的前提下，內外皆宜。

這種拿捏分寸、進退有據，的確可以看出杜拉克的成熟幹練、有為有守的全面。尤其他對整件事情的始末，都能充分掌握、深入瞭解，自然不卑不亢、機智以對。讓鐵鎚似的華特生，遇上軟釘子的杜拉克，照樣無計可施。

為成果而工作，為績效而管理

理論與實務的連結，就只在於成果的驗證。

不管理論家或是實務家，他們都關心成果，也都關注績效。只是理論家的成果是文字、理念、文獻和報告；績效則是著作和創見。然而實務家的成果是業績、利潤，成長和發展；績效則是人、工作和生產力。

理論家告訴我們需要做些什麼，才能有所收穫。而實務家則指引我們應該如何做，才能提高產能、發揮優勢、突飛猛進。所以不論理論家或是實務家，其實都要我們「為成果而工作，為績效而管理」。

杜拉克自己也說過：「我不是理論家，但是透過每天諮詢一些大型組織，和觀察他們所面臨的契機和困難，我得到很多實務經驗。在這些我所諮詢過的大型組織當中，大部分是私人企業，但其中也有醫院、政府機關、博物館和大學之類的公共服務機構以及女童子軍、教會、美國心臟協會、國際紅十字會等非營利與非政府單位。」「這些組織遍布於世界五大洲；例如北美洲的加拿大和墨西哥、拉丁美洲、歐洲、日本和東南亞。但無論如何，一位顧問所能談論的，是從他每天的實務諮詢經驗出發的，更是以實務的成效為目的；這有優點，也有缺點。因此，我的觀點可能比較是一個旁觀者，事後卻發覺有相得益彰的效果。」

杜拉克是一位極其罕見的特殊人物，也既不是理論家，也不是實務家，他的學說能自成體系，形成一門「管理學」的學科。使他成為一位既客觀、又融入的「社會生態學家」，這就是杜拉克與眾不同的地方。雖然有些學術界並不同意這點，但無礙於他的歷史地位。

嚴格說來，杜拉克所倡言和所發表的，其實並無新穎之處。他主要是從總的方面來看問題，卻又觀之於微。所以這些讓人聽來很平凡的話，若在深思之後，卻又大有意義；看來極其平凡的指導，實行起來卻又大有裨益，而且是威力無窮。原因就在於杜拉克的管理學，都是來自於實務界，當然可以回歸於實務界。

杜拉克一向以「目的說與結果論」，做為他立論的根據，加上他法學的邏輯十分嚴謹。所以他說「管理學」很像醫學，它既要理論、更要經驗。雖然「管理學」缺乏大量的統計數字和數據佐證，也欠缺大量的文獻報告，但多年來已深受企業界領袖、政府部門領導者與非營利或非政府機構負責人所接受和認同，並且在實務績效上也已取得輝煌的果效和見證。

在行動中領悟，在實踐中收穫

蓋金字塔需要的不是一個工地，是一座城市。

「行動」代表著一種強烈的動機與高度的意願。但「行動並不等於進展」，因為光有行動而缺乏「思考」，這種沒有思考的行動，不如不要動。

唯有能在「行動中的思考、行動中的體驗、行動中的成敗、行動中的反思」，才能有著意外而驚奇的震撼，也才能有著實踐中的收穫與美不勝收的成果。

其實管理早已存在於人類社會中，人們常問杜拉克說：「誰是世界上最偉大的企業CEO呢？」他總是回答道：「四千多年前，規劃、設計並建造埃及第一座大金字塔的人。」

管理的實踐可以回溯到很古老的時代，歷史上最成功的管理，絕對非埃及人莫屬。遠在四千年或更早以前，史上有歷史紀錄的第一座金字塔至，至今在沙漠中依然屹立不搖。

當初建造金字塔時，動用六萬名工人。儘管工程浩大，卻沒有管理上的問題，因為所有人只要聽令工頭大喊：「一、二、三，拉」，然後用力拉繩子即可。工頭不用操心工人該做什麼事？也不用擔心如何溝通和發揮整體戰力？大家只要同心合力拉同一條繩子。

但是現在的企業或政府，不但組織龐大，什麼氣象人員、經濟學家、銀行家、業務人員和品管人員，不相干的各種專家往往比鄰而坐。每個人都學有專精，但誰來整合所有專業，追求共同目標？

杜拉克心目中最完美的企業CEO，竟然不是通用汽車的史隆，因為史隆並沒有承擔該有的社會責任、負起公共職責，他的「專業」只是劃地自限。

杜拉克心目中的完美的企業CEO，也不是奇異公司的總裁傑克・偉爾許；因為杜拉克並不欣賞他「裁員」這個手段，裁員非但傷害員工、傷害社會、更傷害奇異公司本身。雖然傑克・偉爾許一再為自己辯護，這是善待其他員工、對公司也有利，但有道德潔癖的杜拉克，並不接受這樣的解釋。

杜拉克在毫無選擇之下，只好選擇離他數千年之久的埃及人。造金字塔的工程師是誰？迄今沒有人能弄清楚，但這個人的成就卻能從完成至今數千年還完好如初，而且依舊讓人不可思議。

因此，為成果而工作、為績效而管理的埃及人，才能得到杜拉克的青睞，成為他心目中的CEO。

試想一項工程要動用六萬多人、二十五萬個的堅硬如鋼的石塊，歷經十數年之久，這個工程之浩大，簡直無法想像。他們的食衣住行、工作、生活都要照料、必須納入管理。尤其要在長年不變的沙漠裡工作，難度更高、更大，單就水從那裡來、儲存問題以及日夜的溫差都是一大挑戰。

其實「管理」的層面並不單純，不能僅靠喊著「一、二、三，拉」就行，也不是靠一條繩子就能搞定了，因為這些都是管理的結果。沙漠裡白日的火燙、夜晚的酷寒，六萬人的醫療、住宿問題、伙食的預備與燒煮、分班分次，睡的床位以及所需的日常用品等等，這不是一個工地而已，這已經是一座城市了。

最繁重的工作就是搬運石塊與組建問題，如何編班分組、分派工作？如何監督、協調、激勵、溝通？又如何獎勵、懲處、升遷、調職、育樂以及培訓？要管理六萬人談何容易。

所以，沒有組織不能成事，沒有領導者就沒有願景，沒有使命就沒有執行力，沒有營運，自然也就沒有金字塔了。

別讓現任者指定繼承人

不花四小時找對人，就得花四百小時處理他的善後。

「人事決策」是所有決策中的最高風險，但同時也是報酬最高的決策。可惜在組織裡幾乎很少看到針對「人事決策」有理論的探討。

絕大多數公司的人事重大決策，都是憑藉著領導者自己的經驗法則，再不然就是聽人說他是多能幹的角色，最可憐的是憑靠個人的好惡，一時的心情好壞就拍板定案，最後才慢慢地懊悔不已。

通用汽車董事長史隆，有一次與各主管針對基層員工的職務分派，竟然討論了好幾個小時。杜拉克在旁邊聽了才發現，竟然只是在討論一個零件小部門裡的技工師父要由誰去擔任。會議結束時，杜拉克就問史隆：「您怎麼願意花四小時來討論一個微不足道的職務呢？」

史隆答道：「公司給我這麼優厚的待遇，就是要我做重大決策，而且不失誤。請你告訴我，有那些決策比人的管理更重要呢？我們這些在十四樓辦公的，有的可能是聰明蓋世，但要是用錯人，決策無異於在水面寫字。要落實決策的，就是這些基層員工。至於花多少時間討論？請問杜拉克先生，我們公司有多少部門，你知道嗎？」

在杜拉克回答前，史隆猛然抽出他那讓人震撼的「黑色小記事本」直接告訴他：「四十七個。那麼，杜拉克先生，你知道我們去年做了多少個有關人事的決策呢？」

這個細節問題杜拉克更難回答了，杜拉克看了一下手冊，接著說：「一百四十三個，戰時服役的人事變遷還不算，每年每個部門平均是三個。如果我們不用四小時好好安插一個職位，找合適的人擔任，以後就得花四百個小時的時間來收拾這個爛攤子，我可沒這麼多閒工夫。」

年僅三十二歲的杜拉克，聆聽了史隆先生的這一席話，感到無比的震撼，原來「人事決策」如此重要。經由史隆的說明，杜拉克更能體會基層人員的重要性。公司再棒的計畫與決策，還是要靠這群基層人員執行。若用錯了一個人，嚴重的會傷害一家公司，毀掉一個組織，能不慎重嗎？

史隆告訴杜拉克：「你一定認為我是用人最好的裁判。但你聽我說，我不是，世界上也沒有這種人。這世界上只有能做好人事決策的人，和不能做好人事決策的人。前者是長時間換來的，後者則是事後再來慢慢地懊悔。我們在這方面犯的錯誤確實較少，不是因為我們會判斷人的好壞，而是因為我們慎重其事。用人的第一個定律就是那句老話：別讓現任者指定繼承人，否則你得到的將只是『次級的複製品』。」

杜拉克於是追問道：「那麼，史隆先生，關於您自己的繼承人呢？」他直率地說：「我請高階主管委員會來做這個決定。」

史隆最終的總結就是：「用人的決策最重要。每個人都認為一家公司，自然會有不錯的人選，但重點是如何將人安插最適當的位置，這麼一來，自然會不凡的表現。」

縱然意見有別，依然要能彼此賞識

有些老闆很愛提醒員工：「魔鬼都隱藏在每一個細節的背後。」是要警告我們別忽略重要的「細節」，或者不要「因小失大」。簡單說：「魔鬼就是常躲在小細節裡興風作浪，最後壞了大事。」

但建築家密斯凡德羅卻告訴我們：「上帝都隱藏在每一個細節的背後。」真是傳神啊！細節裡隱藏的究竟是魔鬼還是上帝？

有人會不解，上帝既然隱藏在細節裡，為什麼還能容許魔鬼的存在？甚至讓魔鬼興風作浪呢？引誘人類墮落、犯罪呢？但這也就是上帝偉大的地方，祂要人類能分辨大是大非，愛神的人多些就離魔鬼遠一點，讓光明照亮黑暗；否則離上帝越來越遠，最終就要成為魔鬼的工具，自然就落入黑暗的轄制了。

杜拉克一九八九年在美國加州克拉蒙特研究學院一年一度的演講中提到：「一開始我要說的這件事，或許會讓各位有點吃驚。但過去三十五年來，每當有人問我：

上帝與魔鬼，都隱藏在每一個細節的背後。

『最佳的管理書籍是哪一本呢？』我都覺得很好回答，而且答案至今也一樣。」

「這本書出版於一九六四年，我常把這本書拿來當作參考、查詢資料、翻閱內容，可是這三十五年來，我並沒有真正的詳細閱讀。直到幾週前，出版史隆這本書的雙日出版社來找我說：『我們打算重新發行這本書，您願意為這書寫一篇序言嗎？』我毫不猶豫就答應了。」

「所以，我必須把書重讀一遍。真是精彩絕倫。這是市面上最棒的一本個案研究的企管書，每一章都是不同的個案研究。讓我吃驚的是，這些個案雖然大多發生在一九二〇年或一九三〇年代，即使是最後一個個案，也是發生在二次世界大戰之前，但時至今日並沒有什麼新變化，你和以後的人在公司裡，都會碰上一模一樣的狀況。」

「這也讓我想起我曾認識一個非常聰明的人，以前我們談論過管理階層爆炸性的擴編，那是在一九六〇年代，我這位朋友說：『彼得，你知道，今天所有經理人所做的事情，百分之九十九跟一九〇〇年的經理人做的一樣，只不過人數暴增了許多而已。』我覺得這真是智慧之言啊！」

杜拉克在晚年的演講裡，仍不改他謙卑的性格，這已成了他近乎天性的心智習慣。不僅是私底下如此，連在大庭廣眾下也不例外。但通用汽車董事長史隆對《企業的概念》（杜拉克在通用汽車兩年內的研究總結報告）一書卻十分排斥。雖然沒有抨擊，但也是視若無睹，當作世界上根本沒有這本書的存在，自己也絕口不提，也不希望其他人在他面前提起杜拉克的這本著作。

多年後，通用副董事長威爾森才告訴杜拉克，史隆想給世人和杜拉克完全不同的看法，因此也出版一本書，寫他自己心目中的通用汽車公司與他所扮演的角色。後來《我在通用汽車的日子》，在美國大暢銷。

但是這本書最引人入勝的論點，也就是「專業經理人」。對杜拉克而言，《企業的概念》無意間建立了一門「管理」的學科。但對史隆來說，重要的是「經理人」這個專業，意即突顯出他是有史以來第一位「專業經理人」，這也是他想在《我在通用汽車的日子》書中所要表白的。

儘管史隆不欣賞杜拉克對通用汽車的透視，尤其對他本人的專業經理人角色隻字未提感到失望。但是史隆在多年後，也就是一九五三年，他計畫捐款在麻省理工學院成立「史隆管理學院」，也想聽聽杜拉克的看法。他們兩人討論了半天，史隆說：「杜拉克先生，你不介意到這所學校擔任教授吧？」證明了史隆對杜拉克的賞識。

同樣的杜拉克三十五年來，也不因為史隆不能接納《企業的概念》書中的論點，而對史隆本人有什麼不同的觀點。反而極其賞識他的大作，甚至加以無私的推崇、公開的讚揚，顯現出他一生堅持是非分明，因此永遠能做好真正的自己。

再偉大的指揮家，也不能沒有樂譜

在觀眾心目中，一個樂團只有一個團隊成績，沒有個別成員的成績。

「組織」對人而言，就是要讓所有成員自由思考、自由表達、自由選擇、自由行動。所以一個組織並不像一個生物那樣，是以自身的生存作為目的，倘能延續後代，就算成功了。

組織是社會的一種器官，唯有能對外界環境提供貢獻，才有存在的價值。在一個知識型組織中，主要有賴於不同知識和不同技術的專家所組成的團隊，工作才能有效。各種人才的合作，貴乎自動自發，才能依循情勢的邏輯和任務的需要做出調整，而不是依賴組織領導者說一動，下面的人就做一動。

一九七七年杜拉克在接受《富士比》雜誌的訪談中指出：「交響樂團的指揮，必須有能力整合指揮棒下許多不同的團體。從獨唱或獨奏者、和音團、芭蕾舞者到交響樂演奏者，所有人都要同台表演。然而在觀眾心目中，他們只有一個團隊成績。」

「我們越來越強調，個別團隊必須力求團隊本身的表現。然而我們真正需要的是一個整體表現很棒的爵士樂團，如果各團隊必須為了本身而力求表現，在這種情況下，我們是否應建立大規模或超大規模的企業組織呢？現在人們都在談論怎樣建立許多不同的小型團隊。聽起來十分吸引人，可惜目前沒有人知道如何做。」

因此，每當人們問「全世界最偉大的組織」時，杜拉克總是直接了當地說：「交響樂團的表演。」杜拉克在一九八〇年代末期，就已預言「指揮家」時代的來臨。他指出未來的企業家要像交響樂團一般，因為兩者都是由各類專家所組成的組織。

杜拉克點出了知識工作者的特點，由於知識工作者的工作特質，就是必須建立在知識的基礎上，知識型組織絕不是一個主管與屬下的組織，最典型的例子即是「交響樂團」。第一小提琴在管絃樂團中，也許是最重要的樂器，可是第一小提琴手並不是豎琴樂手的主管，他只是一位同事。豎琴聲部就是豎琴樂手演奏的部分，既不是由指揮家，也不是由第一小提琴手所指派。

其實杜拉克心目中的組織，就是二千年前所成立的天主教組織，它是扁平化又再扁平的典型組織。但時過境遷的今天，已是知識的時代了，各組織的成員也都是各類的專家，而且愈分愈細，愈分愈專。以最偉大的指揮家卡拉揚所指揮的交響樂團為例。交響樂團之所以受到杜拉克的推崇與賞識，原因就在這五點：

一、建立跨國界、跨文化的共同價值觀

二、以簡單可靠的組織結構運作

三、獨立客觀的專業標準
四、自我管理下的伙伴關係
五、建立自由發揮創造力的平台。

杜拉克認為以資訊或知識為主的組織或企業，務必透過同事、顧客和總部之間的資訊交流，作為自行控制的機制以達到成果。指揮的工作就是預先給這些專家們一個共同的目標，而這目標就是樂譜。專家們只需要一位指揮者，而所有專家都就能在一個共同的價值規範中行動。

麥肯錫顧問公司就是很好的範例，它的運作不是依循組織綱要和僵化的結構，而是由共同的價值觀發展出來的一套協調平台。透過不斷重複檢驗的系統，取代了階級制度的權力，在全球化的網絡內，且和客戶之間，能夠互信有緊密地彼此合作。

麥肯錫的價值觀，就是要求全球七千位顧問，秉持著「責任、義務、尊嚴、道德和不斷的自我發展」，配合著麥肯錫的十七頁指導原則，在面對客戶、同事甚至是自己時，應當如何處理問題，才能和公司的價值觀協調一致。

最終我們看到麥肯錫顧問公司長久以來，都是根據杜拉克的有效管理方式來領導麥肯錫。因此，音樂家擁有指揮家所欠缺的專業能力，但麥肯錫公司的價值觀，能讓指揮家能有效地領導每一位頂尖的音樂家。

組織不是權力的舞台，而是責任的重心

領導者之所以能領導眾人，因為他們選擇了領導。

根據杜拉克長期的研究與近距離的觀察，領導性格、領導特質與領導魅力，都是根本不存在的東西；縱然有，也是少之又少，不必去花心思研究。

絕大多數的領導者，都是透過學習才得以進步的，這是一種學而後能的本領，也就是說，他們的共同點就是「做對事的能耐。」因此，「有效性領導是可以學的，也是必須學的。」

杜拉克在《杜拉克談高性能的五個習慣》書中這麼寫的：「在我所認識的和共事過的許多有效領導者中，有性格外向的，也有令人敬而遠之的。有年邁即將退休的，甚至還有遇到人就害羞的。有的固執獨斷，有的因循附和。當然也有胖有瘦，有的生性爽朗，有的心懷憂慮。有的能豪飲，有的卻滴酒不沾。有的待人親近如家人，有的卻嚴峻而冷若冰霜。也有少數人生就一副一望而知是『領導者』的體型，也有其貌不揚，毫無吸引別人的地方。有的具有學者風範，有的卻像目不識丁。有的具有廣泛的興趣，有的卻除了他本身的狹窄圈子外，其他一概不懂。還有些人雖不是自私，卻始終以其自我為中心；而有的卻落落大方，心智開放。有人專心致力於他的本身工作，心無旁騖，也有人其志趣全在事業以外，專做社會工作、跑教堂，研究中國詩詞，演唱現代音樂。在我所認識的那些有效的領導者中，有人能夠運用邏輯和分析，有人卻主要是靠他們本身的體驗和直覺。有人能輕而易舉的決策；有人卻每次都一再苦思，飽受痛苦。」（摘自《有效管理者一書》）

杜拉克認為杜魯門總統，沒有一絲一毫的個人魅力，他甚至用「平淡無味的死魚」來形容這位美國第三十三任總統，但杜拉克卻也讚美杜魯門「絕對令人值得信任」，而且「受人景仰」。

杜拉克之所以尊敬杜魯門總統，不是因為他是總統，也不是他功勳蓋世，更不是他有多了不起的才華，而是他具有誠實正直的人格。

杜魯門從不反覆無常，因此贏得組織內外的人都得以信任。我們信任一個領導者，並不代表要喜歡他，甚至於也不必凡事都附和他。

信任來自於領導者能夠說到做到的說服力，領導者的言行要一致，至少不能相互衝突或矛盾。

杜拉克也點出領導的關鍵重點，就是「領導並不等於個性吸引人，領導並不是長袖善舞，這是推銷員的本領。真正的領導，要讓人的視野看得更高、表現更好，讓一個人超越自己性格上的限制。」

杜拉克認為二十世紀最有個人魅力的領導者是希特勒、史達林、毛澤東和墨索里尼，不過他卻稱這些人都是「失敗的領導者」。

但談到雷根總統的魅力時，杜拉克卻指出雷根總統的優勢，並不是一般公認的魅力，而是他十分清楚自己的能力與限制。

杜拉克很賞識杜魯門總統當選說過的話：「一旦當選了總統，就要停止競選。」杜拉克認為這是表白了自我的擔當，因為「組織不是權力的舞台，而是責任的重心」。

凡是認識杜拉克、或跟他有過接觸的人都明白，杜拉克是一個「說到做到、言行一致」的人。根據《從A到A+》的作者吉姆・柯林斯給予杜拉克的評價：「他充滿人道精神，最重要的是對人有深刻的同理心。」這大概是對品格的最佳定義。

沒有人能預測明天，但有人能創造未來

我們無法掌握變化，但我們卻可以走在變化之前。

「變化」對每個人而言，會有不同的感覺。有些人總是談「變」色變，因為他們很害怕變化。這世上僅有極少數人能藉「變」因而轉變，更少的人能走在「變」之前。

能走在市場變化之前、走在客戶變化之前，不但需要智慧的抉擇，更有賴勇氣的決定。最難的則是要同時擁有智慧和勇氣，這是決策者最大的挑戰。

杜拉克在接受傑佛瑞·克拉姆斯的訪談時說：「我認為瓊斯（一九七二年至一九八一年任GE公司董事長）氣度非凡，擁有威爾許（一九八一年至二〇〇〇年任GE公司總裁）所欠缺的一些特質；這一點我從未公開說過。在奇異電器公司裡，威爾許令人感到敬畏，但瓊斯則是廣受愛戴。」

克拉姆斯問：「這兩種特質，哪一種比較好呢？」

杜拉克說：「坦白地說，是瓊斯。如果威爾許是在一九七〇年代擔任奇異電器公

司總裁，他可能會感到十分挫敗。那時候的奇異電器，基本上，只能算是守成吧！但當瓊斯退休時，他幫威爾許做了兩件事，首先，經過瓊斯的重整後，奇異電器已經有能力向市場進攻，尤其瓊斯能看出公司在金融業上的潛力，這是瓊斯的功勞。」

「其次，還要回到更早的一九九〇年代。如果讓威爾許剛一上任，身邊都是沒受過培訓的經理人，那就很難有所作為了。你可能曉得我是克羅頓威爾學院（現改名為傑克・威爾許領導發展中心）的創辦人之一。要系統化的培育經理人才，不可能忽略不去談克羅頓威爾學院，在培育人才上，瓊斯也很有功勞。」

杜拉克十分清楚奇異電器在威爾許時期，能夠變身為「發動引擎」，所用的燃料就是奇異資融公司，這是屬於奇異的金融服務部門。舉例來說，該部門在二〇〇〇年為集團公司繳出了超出五十億美元的營業收入，占整集團超出四成。杜拉克直指核心道：「要不是瓊斯開啟了金融服務的業務，也不會有後來的奇異資融公司。到了威爾許才將它擴張成為正式的金融服務公司。假如沒有金融服務的業務發展，威爾許成為全球最傑出的執行長封號，恐怕就不可能發生了。」

杜拉克點出了威爾許之所以能呼風喚雨、叱吒風雲，關鍵還不在他個人能力有多強、智慧有多超人、膽識有多大。而是他的前任董事長瓊斯，已經幫他造就一支精幹、素質優異、能力極強的經理人團隊，讓他於一九八一年上任時即有將可用、有兵可帶。後來他大量裁撤、關閉或出售關係企業時，不至於一蹶不振，跌落谷底，這也是瓊斯助威爾許一臂之力。

一家集團需要的三件事，瓊斯已經幫威爾許做了兩件。第一是「錢」，奇異金融服務公司幫了威爾許一個大忙，錢的來源已解決了一大半。第二則是「人」，一大批精優幹練的經理人，簡直是天降神兵。這對威爾許而言，可以人財兩得，剩下的就只有第三件的「事」了。

威爾許可以大刀闊斧、組織再造了，是因瓊斯已為他打下了基礎，也排除了路障。

雖然當初瓊斯提拔威爾許時，也受到董事們一致的反對。因為董事們紛紛質疑年僅四十五歲的威爾許，身上並沒有奇異公司的血液和文化，卻成為奇異有史以來最年輕的總裁。這項人事決策，也列為美國商業史上前二十名最成功的重大決策之一。

病痛不是無底洞，人性的貪婪才是

地球所提供的資源，足以滿足每個人的需求，但無法滿足每個人的貪婪。

「醫療保險」是一項很棒的創意。對於一般老百姓而言，更是一項偉大的創舉。要不然中低階層的勞工們，恐怕遇到手頭沒錢時，就必須眼睜睜見到家人因罹患重症而愛莫能助，甚至於求助無門。

可是一旦有了醫療保險，很可能要拖垮政府的財政負擔，最後只好加稅或增加保費。但杜拉克認為根本原因並不是如此，反而是醫院和醫生與不良的制度，最後結合成為一頭大怪獸，吞下了國家的財庫，最終卻造成一個坑人坑錢的巨大黑洞。

杜拉克說：「我也是出身醫生世家，我的醫生家族長輩們在一九二〇年代初期，奧地利實施國營健康保險時，也是最人的抱怨者之一。一九四七年我與醫療保健體制，又結下了不解之緣。」

「當年我住在佛蒙特州，任教於本明頓學院這所小型的大學，我被選派為佛蒙特州夏州藍十字的董事會成員。我們有一場成員的年度會議，地點在離我住家北方六十哩處，那時還刮著大風雪，所以我待在家中沒出門。他們就是那時候推選我擔任財務秘書的，而我也就這樣與醫療保健結下了不解之緣。」

「一九二九年時，醫療僅占全國生產總額百分之零點五，可是到了今日，那個數字已經增加了至少五十倍，從百分之零點五變成百分之十四。世上沒有任何一家機構，可以承受這樣成長速度。順道一提，醫療成本的增加，幾乎是隨著二戰而來。最後，終於再也沒有補救改善的空間，而且世界各國都一樣，走到了這個絕境。」

杜拉克舉自己為例：「我這個跳台滑雪選手的膝蓋舊傷，你沒辦法治癒它，但醫生可以讓我跟我的膝蓋相安無事地撐下去。當一家醫院引進最新型的前列腺超音波儀器時，並不會省下勞力；反而是要增加十二個人手來運作這台儀器，這是現代醫院的一大負擔。過去是勞力密集機構，如今卻成了勞力密集加上資本密集的產業了，這樣一來，醫院必然走上不歸路，形成一頭大怪獸了。」

杜拉克一九九六年在哈佛大學醫學院的講演中說道：「反觀我們現在所做的，一樣只想補救，卻一樣也行不通。日本人這樣在做，德國人、英國人也在這樣做。我們今日所面對的醫療，已經變成了一隻野獸，與我們所有人從小到老所接受的醫療已經截然不同。但是沒有人問道：『我們要如何改變？』每個人都是在問：『是什麼規格的需求呢？這個系統要滿足的是那些基本需求呢？』經濟情況失控的事實是一個病徵，也是非常嚴重的系統失調，傳統方法全都無法根治。」

杜拉克精準的指出：「醫療保健系統唯一可能發生的事情，就是出現危機。我們的醫療機構一直以來的成長不會再繼續，它已經超出基礎架構的負荷。」也就是說醫院愈來愈步上高密集、高人力、高專業、高度分工的高科技產業，這樣的產業如何生存？如何維持？如何發展呢？今日在每一個先進國家的醫療保健系統，都面臨了最嚴重的危機。

醫療保健系統最大的問題癥結，應該是來自「醫藥採購制度」。由於制度的設計系統與醫生的處方簽開立，使得病患的病情非但無法減輕，很可能陷入惡性循環裡。加上人為不臧與藥廠暴利，最終除了黑洞愈陷愈深之外，病人根本就是無人照料，形成了可怕的後果。

私立醫院如雨後春筍般地加入戰場，營利的方式變本加厲，導致政府健保支出的屢創新高；而病人求診次數的相對提高，非但害慘了政府的財政負荷，而且醫生動不動就開刀動手術，也導致資源的浪費與膨脹，這樣的醫療保健系統如何善了？

如今解決之道，除了重新設計有效的系統之外，更重要的政府應該鼓勵或資助那些預防醫學的提昇和進步，因為預防勝於治療。其次，未來的醫療中心，主要應該是看診與研究中心。使得醫院能正確而健康地走上預防的醫學中心，更能提早治療的搶救病人生命，讓醫療資源不致於浪費或負荷。

領導者是要造鐘，不是報時而已

幕後英雄雖孤獨，卻不寂寞。

天底下僅有極少數中的少數能像杜拉克這樣，在短暫的一生中能夠創立一門「管理學」的學科。這是造鐘的傑作，也是人人可以遵循的準則，更是各類組織的共通語言。

少了鐘就不知時間的運行，而少了管理學，就不知個人與組織要如何運轉。因為沒有鐘就不知如何報時，沒有管理就不知如何經營。我們要感謝造鐘者，我們更要感謝管理學的奠基者，雖然杜拉克自謙道：「管理學是一門系統的無知。」

極少人曉得杜拉克花了大半輩子在同一家公司裡，超出半世紀年的時間，隱身在奇異電器集團的幕後，協助建造奇異集團成為全世界最受尊崇，也最值得仿效的公司之一，並且還是地球上最具競爭力的公司之一，卻很少有人會注意到杜拉克的貢獻。

早在一九五〇年代初期，杜拉克已是奇異電器公司的諮詢顧問。一九五一年，當時擔任奇異集團的執行長的寇帝南，企圖找出強化公司管理效能的處方，於是請杜拉克組成一支令人難忘的團隊。這支團隊不僅研究十多家公司，且調閱二千多分奇異員工的個人資料，對各部門主管進行研究，還跟上百位奇異公司的經理人面對面訪談。

寇帝南委託杜拉克跟其他人合寫一套管理手冊，以便在面對各種管理上的挑戰、狀況與困難時，能不用再摸著石頭過河。這個超大型的管理演練計畫，最後誕生了一套共五冊合計三千四百六十三頁，被稱為藍皮書的管理聖經。

杜拉克一九五〇年代成為克羅頓威爾學院的共同創辦人，創辦這所學院在當時可說是一項「偉大的創新」，尤其對企業界而言，是具有前瞻性，務實性以及百年的策略性思維。重視人才的培育，尤其是中間主管以及各部分的經理人，早在通用汽車史隆領導期間，就有所謂的「史隆技術學院」創設，但重點大多還是集中在技術與專業人才。

「克羅頓威爾學院」數十年來，為奇異電器公司提供源源不絕的管理人才，其影響力一直到一九八一年的威爾許時代。到二十一世紀的今日，依然成為「奇異人才庫」。早在一九五六年，就有近四千名奇異電器公司的專業人才和管理者，接受為期十三周「專業管理課程」的嚴謹培訓。

受訓期間所有學員都無法與外界聯繫，要專心聆聽政府高級官員、社會學家或經濟學家們的演說。十年後到了一九六六年，上過這堂課的經理人已成長了六倍，人數總計高達二萬五千名以上。直到威爾許的時代，這個專業的管理培訓課程，在他領導下的「合力促進」（Work out）與六個標準差（6 sigma）計畫裡，更加發揚光大。

「互信」是目標管理與自我控制的本質

管理學就是體現人的價值與績效的邏輯。

「目標管理」就是以目標為導向的管理。目標是什麼？目標又應該是什麼？通常我們會以業績是多少或利潤又多少當成標準。

但杜拉克認為這樣做容易被自己所誤導，該問的是；我們的客戶是誰？我們的顧客應該是誰？他們購買什麼？他們重視的價值為何？一連串的自問自答，才能尋找到正確的主客戶群，如此再來訂定年度營業額以及利潤預估值。

至於「自我控制」意謂著經理人受到較強的激勵，願意追求較高的績效目標，也想要有較廣的視野。事實上，目標管理的主要貢獻之一，就是促使我們以自我控制式的管理來取代高壓式的控制手段。

《經濟學人》雜誌指出：「提出新觀念時，杜拉克認為若是遭遇到阻礙，也許就是他最大的成功；因為一旦克服了這些障礙，如今人們反而普遍認同他的觀念。」

根據管理作家泰倫特的說法，「目標管理是今日管理界的主流觀念。有太多人認為，這是杜拉克所提出最重要，也是影響最深遠的一個觀念。」

杜拉克視奇異電器公司為實行「目標管理與自我控制」管理的模範企業之一。他隨即舉例說明：「奇異公司有一個很特別的控制機制——巡迴稽核員。這些稽核員詳細調查每一個管理單位的業務運作，一年至少做一次。不過，他們的報告只交給被調查單位的經理人。毫無疑問的，你只要隨意和奇異任何一位經理人接觸，都能感受從他們身上流露出那種對公司的信心與雙方的互信，這要歸功於奇異將資訊用於自我控制，而非用在上對下的控制。」

雖然杜拉克被世人尊稱為「目標管理之父」，但他坦誠表示「目標管理」這個詞，並不是他率先提出的，只是他一再大力疾呼這個重要觀念而已。但查考資料可見，「目標管理與自我控制」確實是出自他本人，可是大多數的企業或各類組織，都是只記得「目標管理」，卻忘了更重要的精神是「自我控制」，以致於無法落實到真正的基層人員。

因為「目標管理與自我控制」，使得經理人以公眾目標，以更嚴格、更精確、更有效的內在控制，取代傳統的外部控制；激勵經理人採取行動，不是因為某人要求或勸他做什麼，而是因為目標任務需要。他將採取行動也不是因為某人希望他如此，而是因為他自己已決定要如此。換言之，他是以一個自由人行動。

在威爾許領導下的奇異公司，主持過克羅頓威爾學院的諾爾・提屈也表示：「許多威爾許的重大觀念，聽下來就好像直接從《經營藍皮書》搬過來一般。」提屈在書裡也提到，威爾許時曾寫道：「一頁頁看來單調乏味的複雜方法背後，其實就是目標管理的概念。」而這就是杜拉克的發明，同時也是威爾許所主張的革命性想法。

提屈又舉出另一個例子，說明威爾許如何受到杜拉克的影響。他寫道：「例如經營藍皮書裡關於分權決策的討論，聽下來跟威爾許的『速度』原則極像。速度原則力求將層層管控減到最少，把決策時間縮到最短，讓公司更靈活，提昇顧客服務，並讓公司達到最大的獲利。」

奇異電器公司可以說是杜拉克諮詢顧問下的「實驗室」，他將自己多年來的理念、思想、作法及經驗完全落實，真正讓「目標管理與自我控制」實現、使杜拉克管理學的精髓與內涵，在實務上獲得亮麗的績效。

你想建立永續的觀點，還是永續的組織呢？

從你建立組織的那一刻起，你就多了一頭必須餵食的怪獸。

「虛心就教」說來簡單，但要持續做到就很難；「不恥下問」則是說來不簡單，真正做到更難。

不管是虛心就教的心，還是不恥下問的行，其實就是一個人的內在延伸；更是代表著一個人的內在修為與外顯的善行。一個人要做到虛心就教和不恥下問，才能去蕪存菁，成為一位誠實正直的人。

吉姆・柯林斯《從A到A⁺作者》曾說過：「一九九四年那一天，杜拉克對我說：『真正的紀律來自於向錯誤的機會說「不」！』這句話卻改變了我一生。」

那一年，柯林斯所寫的《基業長青》才剛問市，當時只是個無名作者。有一天，他在電話的答錄機聽到了一則留言：「我是彼得・杜拉克。如果有一天我能在克拉蒙特與你會面，我會非常高興。」

想想看，在杜拉克八十五歲時，能夠與他相處一天，對這位無名作者來說，是何其珍貴的機會。有趣的是，這一天也真的改變了柯林斯的一生。就在那一天之內。

柯林斯當時正考慮開一家顧問公司，可能要叫做「基業長青顧問公司」或什麼之類的。杜拉克提的第一問題是：「你為什麼會想這麼做呢？」他說：「我是受到好奇心和想要產生影響力的念頭所驅使。」

杜拉克立即提醒他說，「嗯！你現在進到存在主義的領域裡了。你一定很不會做生意。再問一個問題，你想建立永續的觀點，還是永續的組織呢？」

柯林斯回應道：「我想要建立的是永續的觀點。」

杜拉克告訴他說：「那麼你就不可以建立一個永續的組織。」

杜拉克的論點是，從你建立組織的那一刻起，你就多了一頭必須餵食的怪獸，亦即組織裡的大批員工。如果你一旦開始為了餵養怪獸而提出新觀點，這是為了讓怪獸賴以維生的觀點，即使你的商業成就提昇了，你的影響力還是會下降。」

永續觀點和販賣觀點是大不相同的。一旦擁有了組織，你就要問自己：「到底是為了什麼而戰呢？」其實你是為了影響那些握有權力、見識敏銳的人的想法而戰的。如果你濫用了這份信任，你就會失去這群人對你的信任。一旦箭頭轉向，你就死定了。

杜拉克還說了另外一件很重要的事：「真正的紀律來自於向錯誤的機會說『不』。」因為組織要成長很容易，但說「不」卻很困難。

柯林斯聽了之後五內銘感，當他問杜拉克說：「先生，我該如何回報你呢？」杜拉克的回答是：「你已經回報我了。我在我們的對話中學到很多。」就在當下，柯林斯瞭解到杜拉克的偉大之處究竟何在。不同於很多人，他的動力來源不在於說些什麼，而在於學點什麼。

柯林斯對於杜拉克的提醒，自認受惠甚多，他認為自己唯一能做的事情，就是把杜拉克給他的建議，繼續傳遞給其他人。

杜拉克在柯林斯臨走之前，最後一句話是說：「走到外頭，做個有用的人！」柯林斯說：「這也就是我回報杜拉克的方式，就像杜拉克為我所做的一樣。」

杜拉克愛死了這種教學相長的模式，也貫徹力行了半個世紀之久，直到八十歲後因體力不堪，無法常出遠門。但為了滿足自己的求知慾起見，竟會請求柯林斯能來克拉蒙特走一趟就像平常堅持向學生學習那樣謙卑。他一直抱著這種學習態度和精神，使他的心靈始終保持著青春、活力與創新的泉源。

成為對的人遠勝於找對的人

組織需要注入新的、不同的、外界的觀點。

任何組織一旦久了，就會失去了彈性或活力，尤其愈成功的組織就容易愈僵化或固化。因此，愈不容易接納外界的觀點，甚至於自滿起來，導致與世隔絕、自我封閉。

事實上，時至今日已經不可能存在永遠存在的組織了，理由之一就是處在快速而巨大的變遷中，若稍有不慎就會被淘汰出局。理由之二則是身為領導者，根本無法長期掌權或掌控全局，不管他多有才幹、多有能耐。

一九八九年美國大師服務股份有限公司（Service Master Co.）董事長波拉德，率董事會成員從芝加哥來到加州克拉蒙特，專程來請教杜拉克。在他儉樸的家裡；這位管理大師以「麻煩你們告訴我，你們的公司是做什麼的？」作為會面的開場白。

結果幾乎每位董事給杜拉克的答案都不一樣，有位董事說：「家庭清潔」；另一位董事接著道：「除蟲滅菌」；又有一位董事回應：「草坪整理」。

「你們都錯了。」杜拉克補充道：「諸位，很顯然你們根本就不認識自己的公司。貴公司最主要的工作，便是將那些毫無專長、目不識丁的人，培訓成為有用的員工。」

公司所提供的服務，都是一般人不願意自己動手做的工作，所以這些工作通常是一般人所認為的卑微、低下的苦活兒。公司就必須雇用、培訓、激勵他們，使他們成為有尊嚴、有價值的員工。

多年後，這家公司年營業額高達三十五億美元。董事長波拉德將大師服務公司的成功，完全歸功於杜拉克的洞見。因為波拉德董事長隨後下了一道命令：「經理人在未能將公司的新進員工培訓成為有用人才之前，嚴禁問他們的名字，因為你不配。」

杜拉克為何能在短暫的接觸與幾句簡單的問題，就能掌握問題的核心和市場的機會。尤其是重新定義公司、定義員工、定義使命、定義工作。杜拉克為何能辦到呢？是經驗使然？是專業的判斷？是靠直覺力？還是對於問題的動態系統思維？

能夠穿透表面現象，直接進入到核心的深層；也能從實際的現實面進入到人性的需求層次，杜拉克讓我們看到，一個公司可以化不可能為可能，創造一個更大機會的平台，讓員工樂於學習和上進，並協助他們找到自我價值和人性尊嚴，進而贏得世人的尊敬和賞識。

那麼為什麼我們總是一成不變地做自己認為正確的事呢？又為什麼我們不去質疑我們所做的一切呢？就像大師服務公司一樣在賣「清潔」（Clearing），卻忽略了他們是從事於「培訓」（Training）的工作。

這種由清潔工作轉向為培訓任務，的確是質變的進程；從「事」到「人」的轉變，可以看出杜拉克的功力，更可以驗證他的哲學思想是以「人」為核心的管理觀，使得員工因為得到應有的重視和尊重，進而對工作產生敬愛，願意承擔重責大任並作出應有的貢獻。

波拉德為了回報杜拉克的貢獻，也願意走出去做一位「有用的人」，將杜拉克的管理哲學思想」與人分享。也驗證了杜拉克的想法：「成為對的人遠勝於找到對的人。」

非營利機構更需要管理

「管理」（Management）對於非營利機構（NPO）與非政府單位（NGO）而言，原本是一項禁忌，原因是這些組織根本無需管理底線，它們不必關注賺不賺錢、有沒有利潤；它們關心的是有沒有達成使命、完成任務而已。

但杜拉克卻堅持：「非營利機構也需要管理。」

很多人感到十分地震驚地問：「我們經營的是非營利組織，我們需要管理做什麼呢？那是給企業用的，我們又沒有盈虧底線。」

杜拉克的回答是：「因為你們沒有盈虧底線，所以更需要管理。」

杜拉克在一次東京座談會中指出：「我大概五十年前就已領悟到一件事：『管理就是管理』。我領悟到一個人必須知道自己在做什麼；我領悟到光有善意還不夠；我領悟到有了聰明才智還不夠。」

一個人必須懂得如何管理。所以五十年來，杜拉克有一半的時間，都是跟非營利組織合作，包括交響樂團、醫院、大學與教會。

非營利機構沒有盈虧底線，所以更需要管理。

杜拉克對非營利組織的最大貢獻，就是協助人們把管理的工作做得更好，例如女童子軍總會就是受惠者。

海瑟貝恩女士在一九七六至一九九〇年間，擔任美國女童子軍總會總裁，這個組織堪稱全世界最龐大的女性組織，擁有全球三百五十萬名會員，共雇有七十三萬名志工，支薪職員就有六千名。

這個組織在海瑟貝恩的領導下，隨著社會變遷而成功更換了目標顧客群。難怪每當人有問杜拉克：「你認為哪一個組織轉型最成功？」杜拉克毫不遲疑地就回道：「女童子軍」。因為他認為女童子軍明確地界定使命，並轉化為精確的目標。

以女童軍組織創立數年後，又設立了專收五歲以上女童的支部「幼女童軍」（Daisy Scouts，小菊花女童軍）為例，想要加入這穿棕色制服的幼女童軍的人，只要在小學一年級以上。

原本各地的女童子軍組織，有些負責人堅持只收中學生的女童軍。但也有一些分會成員，觀察到人口統計結構的趨勢，知道會有愈來愈多的職業婦女，為了這些「鑰匙兒」（Latch key kids）而傷腦筋，因此這個支部的成立，讓女童軍這一組織發展得更蓬勃。

杜拉克與海瑟貝恩相識長達三十多年之久，一九九〇年七月，海瑟貝恩終於說服杜拉克，勉強答應成立僅此一家別無分號的非營利組織杜拉克基金會。並在二〇〇三年更名為「領導者對談協會」（Leader to Leader Institute）並積極舉辦各項活動，出版書籍，致力推動杜拉克的管理哲學思想。

海瑟貝恩在一九九八年獲頒總統自由勳章，肯定她任職於女童軍十三年以及杜拉克基金會時的卓越貢獻。她也擔任美國志工運動行政委員會主席，且曾獲頒十七個榮譽博士學位。

非營利組織也需要「有效的管理」，透過培訓、選拔、任用、考核一名隊長，到成為一名領導，這其間有著最嚴謹的流程與管制。

最值得一提的是能依「人口統計學」和「人口重心」的研究，提早掌握未來的趨勢變化，以至能更精準地採取有效策略和戰術，贏得了客戶的滿意和認同，最終建立了一個有貢獻、有價值的非營利組織。

政府的問題不在於人才，而在於制度

我們需要的是一個有效能的政府，而不是只會開支票的政府。

全世界絕大多數的國家的公務人員，不管是在素質方面或學歷程度，都是中上程度的，有的甚至是一流的人才。

然而這些公務員所表現出來的績效，卻都不怎麼樣，有時甚至還是一場糊塗。這究竟發生了什麼事？為何有這麼棒的條件、才華、能力，到了政府這部機器裡就失靈了呢？尤其是國營事業更是如此，檢討起來真正的問題當然很多，但其中最大的阻礙，要算是「制度設計問題」。

但制度面又牽涉甚廣，從政府的政策、法令、架構、人事、預算、績效考核等等，都是防弊多於興利，限制多於開放。導致想做的人做不了，要混的混得好的窘境。

英國首相柴契爾夫人將「民營化」導入國營事業，徹底而全面地再造，而且進行得十分成功。在政府所發行的小冊上註明著「民營化」一詞，就是出自於杜拉克的發明。從一九九〇年代末期，各界呼籲政府把所有功能民營化，從開放高速公路維護到開放國稅局，民營化成為解決二十一世紀政府財政預算赤字的妙方。

在一次保守派與革新派政治人物集聚一堂的會議中，二十年來英國第一位工黨首相布萊爾發表演說時，表明他看到英國的未來：「政府不必非扮演供應社會一切需要的角色不可；政府僅負責籌劃與制訂法規即可。」這是杜拉克在三十年前就說過的話。政府執行民營化就必須外包，這倒是提醒了杜拉克，民營化所創造的利益，將不僅僅是「效率」而已。

具體來說，將過去由龐大規模的官僚機構執行多年的工作，分割成一個個較小的部分，交由小規模的私人企業去做，將為員工創造出新的晉升的機會。原因是過去公務員的升遷與工作選派，完全有賴年資的累積；但實施民營化之後，卻必須以「經營績效」原則為依歸。如此一來，將有助於改變公家機關裡的升遷模式。

杜拉克不只發明了「民營化」，事實上他發明了「管理學」，進而改變了這個世界，也就是說這個世界因管理而改變了。杜拉克不愧是概念的創見者，從這點來說，他才是一位真正的先知。

杜拉克所推行的「民營化」，並不是民間企業的邏輯，因為管理並不是企業的專利。事實上任何組織或個人，都需要納入管理。有人批評他忽略了政府單位與企業之間存在著根本的差異，也就是民主的責任制。另一方面政府官員又顯得傲慢自大、目空一切，這一切都是民主化政府的真實寫照，但這都不該妨礙「民營化」的推展，這也是英國在柴契爾夫人的領導改革之下獲得的成效，更何況政府本來就可以制訂法令，予以有效地監督，而不是無條件下的民營化。

杜拉克進一步指出，我們需要用新的政治理論、甚至需要用新的憲法，來思考民營化模式，這種觀點毫無疑問的是正確的。當然在實施時，不免會出現一些問題。諸如法令的限制、政策的阻礙、制度的僵化、公務員「不做不錯，做了易錯，乾脆不做」的心態。

民營化並不是萬靈丹，卻是一帖解決財政赤字的妙方。民營化並不是建立在二分法的基礎上，告訴你「公營」一定差，「民營」必定佳；而是要透過「民營化」的作法，恢復人民對政府的信心，讓政府從經營者或執行者的角色，轉換成為專心做好統治的機構，這樣才能獲得老百姓的信任與支持。

Part 4

人文DNA

金錢的誘惑、情色的誘惑、權位的誘惑、
貪婪的試探、舞弊的試探、賄賂的試探…等等
這世界充滿了各式各樣的誘惑與試探。
杜拉克相信真正的紀律，
就是向錯誤的機會說「不」的勇氣。
因此管理人需要的不只是各種權謀技巧，
更需要具有深厚的「人文DNA」。

正直，就是最溫柔的力量

《與成功有約》一書的作者史蒂芬・柯維，對於「正直」是這樣定義的：「正直(Integrity)就是謙遜與膽識結合後所產生的。

謙遜的成功者都會知道：「不是我在掌控，而是永恆的原則在支配和掌控這一切。」這就像北極星永遠忠實地守住北方那樣，這永恆的原則才是最終勝利的關鍵。

因此，任何人若能將這永恆的原則內化成為內在的膽識，且能體現在個人的價值體系、生活型態、人生方向以及日常生活裡，才是走向勝利的關鍵所在。所以你必須有膽識地拒絕試探、遠離兇惡，甚至挑戰自己、丟掉舊我，才能成為全新的我。

在這永恆的原則裡，同時擁有謙遜和膽識的人，自然會生出「正直」。因此「正直的人」不會汲汲營營地與人競爭，因為他的謙遜和膽識源自於內在的安全感。有了安全感，自然就會增加心中的智慧、力量和引導能量。

正直不等於績效，但績效裡少了正直，就會有殺傷力。

杜拉克的奶奶是一位最正直的人，一次大戰之後，戰亂與通貨膨脹使奶奶的財富大幅貶值，只好住在老舊的公寓裡。在公寓街角，常有一個站在那裡拉客的妓女，奶奶卻每天都跟她打招呼。

有一天，奶奶發現妓女的喉嚨沙啞，就拖著年邁的身子爬上樓，回家裡找出咳嗽藥，再辛苦地一步步爬下去把藥交給她。

奶奶的姪女看到了這一幕，覺得奶奶雖然已家道中落，但說什麼也曾是銀行創辦人的夫人，而且出身書香世家，怎麼可以在街上與妓女談話？這樣有失奶奶的身分。

但奶奶卻告訴姪女：「對人有禮貌怎麼會有失身分呢？我又不是男人，她跟我一個笨老太婆能有什麼搞頭？雖然我無能為力，可是至少我可以使她快點好起來，不讓那些男孩被她傳染得了重感冒。」

奶奶的正直也能從她對待妓女與姪女身上看出，對妓女噓寒問暖，生病了還送藥給她。相對的不屑當小明星的姪女，為了爭取在報紙影藝版曝光的機會，竟和社會名流上床。

在奶奶眼中，妓女也是人，也是一種專業，雖然不高尚，但總是在自己的工作領域裡努力賺錢，因此應該給予尊重。但她的姪女本職是演員，就應該在演技上努力，不該靠著其他方式爭取演出機會。

但正直並不等於是莽撞與愚蠢，而是謙遜和膽識。有一回，杜拉克帶奶奶搭電車，準備一起回家過耶誕節時，在車上碰著一位高大、臉上卻有青春痘的年輕人，他的西服翻領上別著偌大的納粹標誌。

當時奧地利由於經濟蕭條，主張排外的納粹團體氣焰囂張，大家卻都鄉愿地不敢得罪那些惡勢力。但年邁體衰的老奶奶卻站起身來，一步步走向他，用傘尖戳那年輕人胸前的肋骨說：

「不管你的政治立場是什麼，也許我有些理念還和你們一樣呢！嗯，你看起來像是有教養的青年……不過，你難道不知道？」

奶奶停了下來，又指著年輕人衣領上的納粹標誌：

「這東西會讓某些人無法忍受，說別人信仰的不是，是無理的行為，笑別人臉上的青春痘，更是粗魯的作法。你不想被別人喚做『麻臉小子』吧？」

奶奶這一舉動，讓杜拉克緊張得不敢呼吸。但這小子卻乖乖地把那納粹標誌取下來，放在口袋裡。而且過了幾站，他在下車前，還向奶奶脫帽致敬。

綜觀老奶奶的一生，可說是「謙遜與膽識」的產物，難怪杜拉克會在《旁觀者》的第一章，就如數家珍地敘述奶奶的生活智慧與人道精神，日後杜拉克也同樣用自己的方式挑戰納粹主義，他曾以《史達爾的政治學說與歷史的變遷》這一小冊子揭發納粹的真面目，以致遭到極右勢力焚書追殺的威脅，但他卻毫不畏懼，依然勇往直前。

老奶奶是個有「真正大智慧」的女人，處處為他人設想，但又不畏權勢。杜拉克說：「管理的本質：不在於知，乃在於行；不在於邏輯，而在於績效。」老奶奶在日常生活裡，讓杜拉克了解：「正直，就是最溫柔的力量」。

人，才是我們應該關心的重點

計劃只是美好的願望而已，除非計劃立即變成艱苦的工作。

每一個人都有夢想，小到只求溫飽，大到想操控全世界。但是否能如願，除了實踐的決心以外，際遇反而是最主要的關鍵。

杜拉克也不例外，他曾說：「從小，我就立志要寫出一些好作品，也許這是我唯一的志向。……小說寫作無疑是作家的試金石。」

但他繼續說：「我一向對人很感興趣，較不喜歡抽象概念，更別提哲學家的定義和分類了……對我來說，這簡直和囚衣一樣可怕。『人』不只比較有趣，更有著許多不同的型態，也較有意義，正因為人會發展、表露、改變並成為一種新的型態。」

杜拉克曾說明他是怎樣發現自己並不適合當一名經濟學家的。年輕時他有段時間，每週都會搭火車到劍橋大學，參加經濟學家凱因斯所主持的研討會。

當他在這位偉人跟前聆聽教誨時，杜拉克突然領悟到一個事實：「就是滿屋子裡的人，包括凱因斯本人及聰明又有才華的經濟系學生，都只對商品的行為有興趣，而我卻更關心『人的行為』。」

杜拉克晚年時，每當別人問起：「大師，您靠什麼維生？」時，他會毫不遲疑回道：「我以寫作維生。」在長達七十多年的職業生涯中，杜拉克總共創作了四十一本巨著，平均不到兩年就有一本書問市。

另外每當有人問他：「這些著作總共賣出多少冊？」時，他總是毫不在乎地答道：「大約五、六百萬冊吧！」

但據我們瞭解，他的作品單在日本地區的銷量，就已超出這個數字的好幾倍，更不用說是全球的數量。而且重點還不在於數字，而是在於其影響力之大。

他廣泛且富有內涵的作品，可分為四大類：第一類是探討社會結構和分析政治領域的著作；第二類為管理學專論；第三類是提供經理人實務上應用的著作；第四類則是本來學術領域裡的作品。除此以外，其他還有兩本小說《行善的誘惑》與《最後的完美世界》及一本半札記、半回憶的《旁觀者》。

杜拉克洞悉人性，掌握人性；他的著作都是以人性為切入點，將人性呈現出血淋淋的事實，刻畫入木三分，讀來叫人要屏住呼吸、扣人心弦。他駕馭文字之高超能力和情節的起承轉合功力，早已堪稱一流的小說家。

在這世界上，小時候的志向能如期實現，又能堅守一輩子的人，可說是少之又少。因為人的一生很多際遇不是自己所能支配的，更何況我們是處在一個動態而且又不確定性的時代。我們連今天都很難掌握，更不用說是掌握明天。

愛因斯坦小時候最大的願望，就是要成為一流管弦樂隊的成員，因此每天練小提琴數小時，持續十餘年，奈何他的雙手與琴弦之間就是無法協調；而他不喜愛的數學偏偏卻是他的強項，最終成為全世界最偉大科學家。但他一生夢想成為管弦樂隊的一員，若能實現的話。連最高殊榮的諾貝爾獎他都可以不要。

杜拉克與愛因斯坦都是猶太人，年輕時也有類似的成長背景，必須在長處和興趣之間做出抉擇，杜拉克卻做了與愛因斯坦完全不同的決定。

一九三〇年代中期，杜拉克在倫敦已是一位相當傑出的年輕投資銀行家，這顯然是他的長處所在。但他不認為當個資產經理人，對這世界能有什麼貢獻？他體認到「人」才是他的價值重心；而且，就算他再有錢，死後依然是兩手空空。

為了興趣，他放棄了長處，在經濟大蕭條的年代，他選擇了辭職。對他個人而言，這是一個危險的決定；因為在經濟蕭條期，一旦失業就很難再找到工作。但對這世界而言，他做了一個對的決定，因為他開創了一個「現代管理學」的新時代。

記住這一天，而不是記住這個人

你不必喜歡身邊的人，但你必須了解他。

人若能活過百歲，在這世上就會有三萬多個日子，你覺得你的父母會希望你記這哪一天？你自己又會記住哪一天？

杜拉克的母親希望他記住的，竟是他小時候得以見到心裡學大師佛洛伊德的那一天。杜拉克回憶道：

「母親婚前曾上過佛洛伊德的課，不知是在大學，還是在精神科學會，顯然地，母親是在場唯一的女性。她津津樂道，自己的出現總是讓正在討論『性和夢問題』的佛洛伊德大為尷尬。」

佛洛伊德是精神分析心理學家，更是潛意識的偉大發明者，因此被譽為心理學之父。杜拉克極其幸運地能在九歲就認識了佛洛伊德。

在杜拉克在回想童年時曾說：「在第一次世界大戰期間，有位天賦異稟的女教育家吉妮亞，在伯格斯開了一家『合作餐廳』，恰巧佛洛伊德的公寓就在隔壁。在維也納鬧飢荒的那幾年，佛洛伊德和他家人常在那兒吃午餐，我們家也是，還曾在同一張桌子吃飯。佛洛伊德認識我的父母，因此爸媽要我問候他，並和他握手。」

但杜拉克後來在回憶佛洛伊德時卻說：「雖然我和佛洛伊德僅見過這一次，而我小時候，不知握過多少大人的手，我會特別記得佛洛伊德，是因為後來父親對我說：『彼得，你要好好記住這一天，因為你剛剛遇見的人是奧地利，不，或許應該說是在歐洲最重要的人了。』」

父親說這句話時，還在一次大戰結束前，當時還年幼的杜拉克就問父親：「他比皇帝更重要嗎？」父親回答說：「當然，他比皇帝更重要。」

這件事留給杜拉克很深刻的印象，因為杜拉克說：「雖然我的父母都不是佛洛伊德的信徒，甚至母親還常常批評他這個人和他的理論，但是他們仍認為他是『在歐洲最重要的人』。」

杜拉克父母從小就給孩子這樣的機會教育，因此引發了杜拉克莫大的興趣和專注，讓他在這麼小的年紀，就能認識到「旁觀者」是何等的重要。

雖然杜拉克的父母認為孩子能與大師佛洛伊德握手，是一件榮幸的事，但並未因此讓孩子對佛洛伊德著迷，甚至是盲目的崇拜。

他父母都不是佛洛伊德的信徒，聰明絕頂的媽媽還經常批評他這個人和他的理論。但他的父母卻是既理性又務實地認定，佛洛伊德是「全歐洲最重要的人」，這就是典型的「旁觀者清」。

要傾聽來自於內心真正的聲音

人文的素質往往來自於對美的熱情和專注。

一個人聽力的好與壞，會影響他對音樂的感受力、靈敏度，甚至是鑑賞力。然而一個人對於音律的快與慢、高與低、強與弱、硬與柔，完全取決於他對音感的訓練，也就是說，對於音樂素養與欣賞能力，是可以靠著後天培養的。

杜拉克的父母是托托聶克伯爵和女伶瑪麗亞・穆勒的密友。他們夫婦一年卻只到杜拉克家兩趟。瑪麗亞・穆勒是維也納最著名的「柏格劇院」的領銜女角，這家劇院原是皇家劇院，她非但參與演出，還是製作人及舞台經理。

瑪麗亞小姐每次來杜拉克家中，總是在杜拉克一家人再三的請求下，為大家朗讀或背誦一段。這不僅是杜拉克父母親和其他孩子一整年最期待的一刻，連家裡所有的女僕、廚子和住在鄰近的小朋友也會跑來。

杜拉克曾說他從未聆聽過比瑪麗亞小姐更優美動人的聲音，那是一種溫暖、震顫的女中音，好似完美的木管樂器演奏出來的樂曲，又向巴洛克風琴所發出的人聲音栓，而且有著控制絕佳，藉由音調、節拍和抑揚頓挫的改變，完美無暇地呈現每一絲情感和每一種特色。

同樣的音律，她可以從最弱到最強，她是舞台上最後、也是最偉大的詩歌朗誦者，她知道如何以口語表達韻文之妙，而非只是大聲唸出；她曉得怎麼樣控制呼吸，用何種語調才能使詩歌聽起來像自然的言語。

杜拉克從小由於親自得到老奶奶的真傳與指導，使他具備了對音樂的欣賞能力和基本素養，加上長期浸淫在音樂聖城的維也納氛圍，以及自己前往歌劇院中聆聽如義大利歌劇作曲大師威爾第的名曲，使他具備了非凡的鑑賞能力。

擁有職業級鋼琴演奏實力的杜拉克，差點成為鋼琴演奏家或音樂家，最終卻成為一流的音樂與藝術的鑑賞家。雖他一直不承認自己是鑑賞家，但從他對樂器所發出的聲調與旋律，即可看出他的素養與實力。

文字駕馭能力極強的杜拉克，又能與音樂素養緊密結合，使得音符彷彿在文字之間跳動，展現出無比的張力。例如他這樣寫著：「藉由音調、節拍和抑揚頓挫的變化，完美無瑕地呈現出每一絲情感、每一種特色。她知道如何以口語表達韻文之妙，因為她曉得怎麼樣控制呼吸，用何種語調才能使詩歌聽起來像自然的言語。」這樣的敘述真是絕妙無比、盪氣迴腸。

人文的素質往往來自於對美的熱情和專注，這也就是為什麼杜拉克對人類的終極關懷始終能奉行不渝的原因了。

堅持不一樣的價值觀

心智決定視野，視野決定格局，格局決定命運，命運決定未來。

為什麼絕大多數的人總是愛自己卻傷害他人呢？尤其當雙方利益衝突時。「愛」若是有條件，愛的本身就會變質。因為「真愛並不是佔有，而是放手；真情並不是操控，而是祝福。」

當杜拉克參加了《奧地利經濟學人》週刊的編輯會議後，就只對副總編輯卡爾・博藍尼一個人感到興趣，他抓住機會問道：「我能否到府上呢？」因為杜拉克想對原先的提議，請教他的看法。博藍尼聽了後，立即邀請杜拉克共進他全家的耶誕晚餐。

當博藍尼與杜拉克剛離開時，雜誌經理交給博藍尼一張當月的薪資支票，可是當時他的雙手都提著箱子，只好請杜拉克幫忙拿著。杜拉克發現以當時一九二七年奧地利的生活標準來看，博藍尼拿到的這筆錢，可是多到令人眼睛為之一亮。

但杜拉克後來回憶，他當天吃到的卻是十八年來所吃過最難以下嚥的食物，這怎麼會是耶誕大餐呢？杜拉克忍無可忍，就問博藍尼：

「請原諒我多管閒事。我在離開編輯室時，不得不注意到博藍尼博士得到的那張支票，金額還真不小。有了這麼一筆錢，不是可以過得挺好的嗎？」

杜拉克的話才說完，在座的四個人都沈默下來，然後轉過來瞪著他，異口同聲地說：「真是好主意！把支票用在自己身上，但這種事我們可從來沒聽說過。」

「但是，」杜拉克結結巴巴地說，「大部分的人不都是這樣嗎？」

博藍尼大人嚴正地說：「我們可不屬於『大部分的人』，我們是頭腦清楚的人。維也納到處都是匈牙利難民，好多人都無法賺錢謀生。我先生有能力賺錢，因此把他的支票全數捐出，照顧其他貧困的匈牙利人，這是理所當然的事。至於我們所需的生活費，只要再設法賺一點就可以了。」

博藍尼夫人的回應：「我們可不屬於『大部分的人』，我們是頭腦清楚的人。」這句話完全表明了自己的立場，也陳述了他們一家人的價值觀。他們不願跟大多數的人看齊，反而甘願成為異數，堅持自己該做的一切。

因為博藍尼一家人「無私的愛」，願意將全數的月俸捐出，只為了表達同胞愛與人飢己飢的精神，絲毫沒有任何無奈或委屈之意，而且多年來默默地付出，要不是杜拉克發問或質疑，恐怕這件事永遠不會有人知道。

他們一家人這種「為善不欲人知」的風範與善行，讓杜拉克大開眼界，也深深感動了杜拉克。接下來近六十年，他也力行「十九奉獻」的收支習慣，就是將所得的十分之九奉獻出來，只留十分之一自用。

罪惡的反義詞不是美德，而是信仰

信仰是人類存在的唯一理由。

「信仰」是一種內在價值極度認同的自然投射。每個人由於不同的境遇與經歷，自然對於「信仰」的反應也不盡相同。

但「信仰」可分為生命信仰與生活信仰，生命的信仰來自於靈命的永恆歸宿，而生活的信仰則是對於豐衣足食、榮華富貴、健康長壽與生活幸福的堅定信念。

所以，「信」與「仰」是可以分別來看的，唯有仰望、敬畏、經歷、體悟才會有信；但絕大多數人的經歷告訴我們：「只要相信，就會看見」。

杜拉克在漢堡市裡歐洲最大的一家出口貿易公司實習時，無意間讀到了丹麥哲學家與神學家、存在主義之父齊克果所寫那本《恐懼與戰慄》（Fear and Trembling）。

齊克果反對黑格爾的泛理論，認為真理即主觀性，哲學應以上帝為依歸。杜拉克為了要真正徹底而深入地認識齊克果的心思意念，竟然自己跑去學丹麥文，進而讀懂他的作品；因此讓他「找到了上帝。」他說：「我立刻知道，我的人生觀改變了。」

杜拉克於一九四二年在班寧頓學院講演時說：「書中傳達的意念，在於信仰是人類存在真實、普遍的意義，而且是唯一的理由。只要擁有信仰，個人就是全體，不再被孤立，變得有意義和有絕對的價值；因此有信仰才有真正的美德。」

杜拉克更進一步地領悟，信仰絕對不是今日所謂的「神蹟」，那些只要要靠氣功、禁食、迷幻藥，甚至過渡耽溺於巴哈音樂就可以有的經驗。

信仰只有經歷絕望、悲劇、長期痛苦和永無止境的磨練，才達得到。這不是非理性、情緒、感性或自發性的；而是經過深思和學習，嚴格的紀律、全心奉獻和堅定意志的結果，只有少數人辦得到，但這是所有的人能夠也應該追求的境界。

杜拉克是要告訴大家，有套哲學可以讓人類願意面對死亡。千萬不要低估這套哲學的力量，在這民不聊生和災難頻仍的時代，死亡是件偉大的事情。齊克果的哲學能讓人死亡，但是他的信仰也能讓人活著。

在「路德主義」（十六世紀宗教改革者馬丁路德的神學說）教派自由氣氛下長大的杜拉克，全家人向來不受宗教教條的約束，自由到聖誕節時僅以一顆聖誕樹作為裝飾，復活節時也僅聆聽幾首巴哈的清唱劇。

但杜拉克在十八歲時，讀到齊克果這本《恐懼與顫慄》，立刻讓他回到靈魂的深處，探討自己生命的本質。尤其當齊克果在書中提出質疑，亞伯拉罕晚年才得子以撒，神卻要亞伯拉罕用以撒來獻祭，就是要像屠殺牛羊那樣殺了自己的愛子，以撒這和「謀殺」有何區別呢？

齊克果認為，如果亞伯拉罕根本沒有打算真的用兒子以撒獻祭，只是想藉此表現對神的順服，那麼他就不是殺人兇手，可是他卻將成為更可恥的騙子。相反的如果他不愛以撒，對這個兒子的死活根本也毫不在乎，他就是真的自願成為殺子兇手。

但亞伯拉罕是個絕對相信神的人，對他而言，神的命令就是絕對的命令，必須毫無保留的遵行；然而聖經裡也記載，他對以撒可說是愛逾己命。所以這個問題的答案，在於亞伯拉罕對神擁有絕對的信心。他相信只要在神裡面，不可能就會化為可能；因此他既可以執行神的旨意，同時又保有以撒。所以，亞伯拉罕能「遇見神」，能找到了真正的信仰。

杜拉克從這裡也立刻就知道，自己的人生觀將要改變了。為什麼杜拉克「遇見神」之後就改變了人生觀？其實這就應驗了《聖經・箴言》所說的「敬畏耶和華乃是智慧的開端，認識至聖者便是聰明的。」年輕的杜拉克因此知道自己的渺小，願意謙卑順服就像亞伯拉罕一樣。因此，日後杜拉克每次遇到試探或誘惑時，都能適時地化解與婉拒。

有勇氣說「不」的人，才有真正的自由

寧可當負責的自由人，也不要做快樂的奴隸。

「自由」的唯一基礎，就是基督教對人性本質的概念。因此，「自由」是一種力量，而這種力量源自於人類與生俱來的弱點。

「自由」永遠包含著兩種不自由所帶來的限制：一種是沒有個人的決定，另一種是沒有個人責任。因此「自由」需要仰賴道德的決定，而道德的決定就是負責的自由表現，因為沒有「負責」，就不可能擁有「自由」可言。

杜拉克年輕時在弗利柏格銀行工作一段時間後，最後決定要離開時，創辦人弗利柏格使盡全力說服杜拉克留下，不但加薪，還答應幾年後升他做合夥人，但杜拉克仍堅持初衷，執意要辭職赴美。

弗利柏格見杜拉克去意已定，於是給了他一分厚禮送別。弗利柏格安排杜拉克伉儷搭乘兩週的豪華郵輪頭等艙，經地中海到紐約，並聘杜拉克作弗利柏格銀行駐紐約的投資顧問，為期兩年，這其實是個領乾薪的閒差。

另一回，當杜拉克去向另一位弗利伯格公司一位相當好的客戶帕布告別時，帕布出乎杜拉克意料外地說：「我要請你做我紐約的代表，為期三年，年薪兩萬五千元美金。」

在一九三〇年代世界景氣大蕭條期間，二萬五千元美金可是無法想像的天文數目。但杜拉克卻反問道：「你付我這麼多錢做什麼呢？」

帕布只是輕鬆地告訴他：「或許什麼事也不必做，只是預備不時之需吧！」但杜拉克卻回絕了這七萬五千美金的報酬，而且不等對方再加碼，杜拉克就說：「此舉令我受寵若驚，但我還是決定自食其力。」旋即起身離去，從此不曾來訪。

弗利柏格知道了這件事後，就問杜拉克說：「我可以知道你為什麼要拒絕帕布這項好意的原因嗎？一年兩萬五千美元，三年下來，存的錢足以買下一間小銀行了，還可以慢慢再發展成一家大銀行，不是嗎？」

杜拉克回答：「但是，弗利柏格先生，我不確定自己是否想從事銀行業。」

弗利柏格深不以為然地說：「胡說，不然像你這麼聰明的年輕人要做什麼呢？」

杜拉克敢堅持「自食其力」，原因至少有三點：第一是對自己充滿信心，尤其是對自己的才華與未來。第二是他已充分認知，賺錢不是自己的抱負，就算成為世界首富也毫無意義。第三是他已發現，對人關注與人的貢獻，才是自己奮鬥的價值所在。

其實不論是銀行的創辦人弗利柏格，或是合夥人理查・牟賽爾兄弟，他們對杜拉克在證券與經濟分析的才氣，都給予高度的評價，但杜拉克自己卻不這麼認為。事實上，杜拉克並不認為自己的表現，有如他們說的那麼好。

由此可見，杜拉克對於自我期許更高、要求更嚴，似乎要告訴自己：「我將來會有更大的作為」。

杜拉克要傳達他「寧可當負責的自由人，也不要做快樂的奴隸」的主張，也許這是杜拉克與眾不同、特立獨行的性格。

雖然他並不確定會不會從事銀行業，或是將來會做些什麼，但在那蕭條時期，大家都找不到工作的情況下，他依然回絕了這個邀約。不管是銀行的未來合夥人，甚至可能是銀行擁有者，他都堅持不要。

有勇氣說「不」的人，才有真正的自由。這種對自己要求的紀律，是十分罕見的智慧，也意味著：真正的紀律，就是向錯誤的機會說「不」的勇氣。

追求卓越，就可以接近完美

正直的人格，要比智力上的聰明更重要。

「誠實正直」並不代表績效，卻是一切績效的核心與成果的源頭。組織裡少了「誠實正直」的人，殺傷力難以想像；因為這樣會破壞團隊的士氣，傷害人員的凝聚力。更可怕的是組織將因此而崩解，社會也因此受害，而且傷害的程度往往超乎人的想像，以及組織可承受的傷害。

因此，唯有誠實正直的人格，才是一切績效的基石，更是組織生死存亡、成長發展憑藉的保障。

杜拉克在德國漢堡時，讀到一則闡述什麼是「完美」的故事，主角是古希臘著名雕刻家菲狄亞斯（Phidicas）。西元前四百四十年雕塑家，菲狄亞斯被委任為雅典的帕德嫩神殿創作雕像。二千四百年後的今天，這座雕像仍屹立於神殿的屋頂上，且被譽為西方傳統最偉大的雕塑傑作。

雖然這些雕像如今備受世人推崇，但當時菲狄亞斯向雅典市政府請款時，會計長卻不願付錢。他的說詞是：「這些雕像站在神殿屋頂上，而且位在雅典山丘的最高點，除了雕像的正面，我們什麼也看不到。可是你卻跟我們申請整個立體雕像的費用，就連沒人看得到的背面也要算錢。」菲狄亞斯卻反駁道：「你錯了，上帝看得到。」

不久前才因欣賞到作曲家威爾第的作品，大受感動的杜拉克，這次又再度有了同樣的震撼。不過，他並未能時時達到菲狄亞斯的高標準，他也做了許多希望上帝不會注意到的事。但他一直沒忘記，就算只有上帝才會看見，他也必須追求完美。

每當別人問杜拉克，你寫了這麼多本書，到底哪一本書最好，他會微笑地回答：「下一本。」

杜拉克在年輕時，他的心靈是開放的、是好奇的、也是深具感受力的，就算讀了一篇好文章也不例外。「完美」雖然無法實現，但追求「卓越」，就可以接近「完美」。

這世上只有上帝是「完美」的，因為祂是聖潔、完全的。菲狄亞斯時時刻刻以神為榜樣，以榮耀神為標準，自然就能回答會計長的刁難，直截了當告訴他：「你錯了，上帝看得到。」所以，這些雕像雖出自人之巧工，但卻是神奇又有生命的神殿。

因為人的不完美，我們才有追求完美境界的必要性。杜拉克年輕時，就已充分地領悟到上帝的完美以及人的渺小。因此他已認知，人要能時時刻刻以神的樣式，不斷地追求完美的人格，雖然不可能實現，但卻能離完美越來越近。

核心價值是一個人自信心的源頭

個人做得好，甚至非常好的事，如果跟本身的價值體系不符，也就應該割捨。

「人」真是形形色色、無奇不有。不論是墨守成規也好、傳統的也罷、新奇古怪、時尚時髦也行，甚至於是極其無聊的人，若談起自己做的事、熟悉的事，或是自己的嗜好、興趣所在，無不散發出一種極其特別的吸引力，每個人自此都能成為一個獨特的個體。

在杜拉克的印象裡，曾經有個人初次見面時，杜拉克覺得那個人呆板無聊。他是一位小學老師，說起話來顯得吹毛求疵，得理不饒人，杜拉克對他的第一印象並不太好。

但忽然間話鋒一轉，兩人談到怪石、奇石與石頭藝術史時，那位小學老師細說石頭的撿拾、保養、形狀、材質、色澤、紋路、美感以及藝術的價值等等，叫杜拉克大開眼界。在討論這主題時，他那種熾熱無比的熱情，直逼偉大的抒情詩人。

不過，杜拉克覺得最有意思的，倒不是話題本身，而是他這個「人」。在一剎那間，他彷彿已變成了一個相當獨特的人。

杜拉克為了做對、做好「自我管理」，常自問自答：「我的價值是什麼？」以及「我的核心價值應該是什麼？」因此，杜拉克也舉自己為例。許多年前，他也曾在長處和價值之間做過抉擇。

一九三〇年代中期，他在倫敦是位相當傑出的資產經理人，這顯然是他的長處所在。但他不認為當個資產經理人能有什麼貢獻，他體認到「人」才是價值重心。「價值」表示必須付出努力代價去換取，杜拉克認個人價值與個人長處相互矛盾時，個人做得好，甚至非常好的事，如果跟本身的價值體系不符，也就應該割捨。

在職場上，我們若對組織有極大的貢獻，卻不符合自己的核心價值時，怎麼辦呢？這就像身為軍人參與戰爭，雖能殺敵致勝，但自己卻不願殺人，因為不符合自己的價值認同，最終只好被敵人所殺而身亡。

當然，軍人是特殊身分，個人根本毫無選擇餘地，僅能服從軍令殲滅敵人。但對於一般組織而言，自己享有充分的自由意志，可以不受此限，因此更要忠於自己的核心價值，因為價值才是最終唯一的檢驗標準。

聰明人往往無效，平凡人卻懂得借力使力

人沒有自覺、生命就沒有開始。

蘇格拉底曾說：「知識的唯一功能就是自覺」，意即知識能使自我在知性和靈性成長。「自覺」也就是自我認識、瞭解自己，包括自我知性、道德和靈性的成長。「自覺」也是每個人一輩子最重要的功課。

對道家和禪宗來說，知識就是「自覺」，也是通往開悟和智慧之路。禪宗也重視自覺，但儒家則跟中世紀的西方三學科類似，是注重文法、邏輯和修辭學。

儘管各家的觀點有所不同，但有一樣卻是一致的，那就是知識並非「做的能力」，而且無關乎「實用性」。因為實用性指的是技能、也就是古希臘「Techne」一字。

幾千年來有關「理論派」與「實務派」的對立問題爭議不斷，其實兩者都有其必要性：「理論派」創造知識，而「實務派」則加以應用，讓知識發揮生產力。「理論派」注重文字和理念，而「實務派」則注重人、工作和績效。

杜拉克在《旁觀者》書中自我覺察道：「對我而言，富勒（高能聚合幾何學大師）和麥克魯漢（電子媒體的玄學家）他們就是專心致志的最佳範例。只有像他們這樣一心一意地追求，才能真正有所成就。其他的人，就像我一樣，或許生活多彩，卻白白地浪費青春。像富勒和麥克魯漢這樣的人，才可能讓他們的使命成真，而我們卻興趣太多，心有旁騖。」

「專一不二」是在強烈使命感的驅使下，一心一意地追求，從一而終，把精力投注在一件事上，才能有所成就。但杜拉克自我察覺道：「其他的人，就像我一樣，或許生活多彩，卻白白地浪費青春，加上興趣太多、心有旁騖，沒有單一任務的人，一定會失敗，而且對這個世界一點影響力都沒有。」

這是杜拉克對自我的質疑，對自己的無情批判，也是身為一代大師、名滿天下的杜拉克，對自己毫無保留的自我覺察。

但事實上，杜拉克終生維持「對人類的終極關懷」，為建構一個「自由而有功能的社會」願景而努力，只是杜拉克的興趣稍多一點。杜拉克透過富勒與麥克魯漢的近距離的接觸和瞭解，洞察到在荒野上待了四十年之久的富勒，居然連一個追隨者都沒有，然而富勒依然堅定地為自己的願景奉獻，卻忽略外在的需求與市場的需要，僅求自己的成就感。

很多企業有有同樣的問題，忘了更重要的客戶是誰，應該是誰？更忘了對誰有貢獻。既然沒有貢獻可言，那麼自己的價值何在呢？

另外麥克魯漢也花了二十五年的時間，追逐自己的願景，從不退縮，但他卻對傳播造成極大的影響力，看來很有成就感卻貢獻不大，只是荒漠中的一堆白骨。兩人的努力只是驗證了杜拉克所說的：「有才華的人往往無法領悟，才華並不等於成就，因而一事無成。」

「專一不二」並不能代表成就與成功，到底問題是什麼呢？又問題出在哪呢？知識工作者唯有從事於「對的工作」，才能使工作有效。因為像杜拉克、富勒、麥克魯漢這些大師，是根本無法加以嚴密監督的，也不能給予詳細指導。他們的共同特性都是單打獨鬥，根本毫無團隊可言。

聰明蓋世的人，往往也最無效。平凡如甘地、德蕾莎、金恩等人，卻能借力使力影響這個世界。

最佳的選擇，往往不是最適合的方案

要判斷一個人，不要看他回答什麼問題，而要看他問了什麼問題。

假如一個人能回答任何問題，他若不是一個無知的人，就是愚蠢的人，但通常兩者皆是。因為對那些不負責任的人來說，往往回答問題比較容易。

對一個負責的人而言，是不會隨意回答任何人的任何問題。因為他知道這是一種公開的承諾，是一種負責的態度。若是有錯誤的回答，他也會作出道歉的回應。

只是回答問題相對於問對問題來說，「問對問題」是一項更高超的能力，尤其是一個人要用無知的問法更難，因為他必須克服心裡的障礙、內心的脆弱以及缺乏的勇氣。因此，要判斷一個人，不要看他回答什麼問題，而要看他問了什麼問題。

繼《經濟人的末路》出版後，到《工業人的未來》出版前的兩年內，是杜拉克生產力最為旺盛的時候。在寫《工業人的未來》時，他同時在住家附近的莎拉・羅倫斯學院任教，每週僅一天，教經濟學和統計學，而且自得其樂，因此他喜愛繼續教書的工作。

當時哈佛大學商學院和普林斯頓及哥倫比亞大學，都有意邀聘他前往任教。最後杜拉克於一九四二年落腳於班寧頓大學擔任專職教授，他可以自由選擇任何一門課教導，而不受限制，例如政治理論、美國政府、美國歷史、經濟史、哲學和宗教等。

另外自一九四三年起，杜拉克已是自由作家，定期提供文章給《哈潑雜誌》與《周六晚間郵報》。在珍珠港事變後，他開始在政府機關服務，獲得了這分他渴望已久的全職差事。結果他卻認為，兼職的顧問工作反而更使他有如魚得水的快意，他的生產力也就更能發揮了。

杜拉克接下來這樣一住就是七年，他認為在佛蒙特的班寧頓大學，是他在美國，甚至是是在全世界，最有「家的味道」的好地方。

杜拉克為何會婉拒哈佛大學教授的聘任邀約呢？這所聞名全球的一流大學，是人人夢寐以求，不論是學生或教授，無不想方設法地沾光貼金。但杜拉克卻三次婉拒，原因就是任教哈佛大學的教授，不但必須是專任，而且還要專注在某一學科，這對於興趣太多的杜拉克而言，簡直是一項興趣的剝奪，當然不能接受。

另外哈佛大學不允許專任的教授在外兼差，尤其是擔任諮詢顧問的工作更不可能，這對於杜拉克來說簡直是晴天霹靂。因為杜拉克認為哈佛大學的學生，根本不是他的客戶，他們雖然很優秀，但卻毫無實務經驗，讓杜拉克無法從學生這邊學到任何東西。

至於杜拉克為何能接受班寧頓大學的約聘呢？班寧頓學院是一九三二年才創立的，是新格蘭的一家小型女子文理學院，極具實驗色彩。他們的目標不在大，而在精。瓊斯校長上任後短短幾年間，幾乎實現了這些理想。

瓊斯校長視才若渴，他把當時全球的各界菁英都延攬到校，像現代舞的瑪莎・葛蘭姆、心理學家佛洛姆、建築師諾伊特拉等。在短短幾年裡，他就為學校募集了一流的師資。雖然人數不多，只有四十五位，但幾乎每一位都是相當有能力的教師。瓊斯校長對教師的考核也很嚴格，能力不及名望的，也是無法得到續聘的。這些大師對學生的衝擊之大，遠超過學生所能吸收的。

但為什麼班寧頓學院對杜拉克來說，會是全美國，甚至是全世界最有「家的味道」的地方呢？其實這幾年喜訊不斷的杜拉克，家庭生活也相當美滿，兒子文森也在一九四一年出生，杜拉克在這裡一待就是七年，直到一九四九年夏天才搬回紐約。

杜拉克在此之前也算是漂泊不定，但他自此之後會選擇定下來，從此在管理學領域專心發展半世紀，這些選擇都不是出於一時衝動，而是出於杜拉克的自問自答與自疑自判。因為他早已知道：最佳的選擇，往往不是最適合的方案。

聰明者想成就自己，智慧者想造就他人

先讓自己的生命變得很不一樣，別人才會跟進。

生命對了，生活自然就對了。人的一生十分短暫，但有時自己又覺得十分漫長。關鍵不在時間長短，而是在於人的意義與價值。

杜拉克回憶他的一生，就將自己與經濟學家熊彼得的見面稱為「生命之行」。一九五〇年一月三日，杜拉克與父親一起去拜訪父親的老友熊彼得，當時六十六歲的熊彼得已譽滿全球，還在哈佛大學教書，同時也擔任美國經濟學會會長，在學術界表現得十分活躍。

杜拉克的父親與熊彼得兩位老先生見面後，開心地回憶舊日時光。突然，杜拉克的父親笑著問道：「你現在會希望日後人們都怎樣回憶起你？」熊彼得聽了放聲大笑，連在一旁的杜拉克也跟著笑起來。

杜拉克父親會問這問題，是因為大家都熟悉熊彼得在三十歲左右，在出版的兩本經濟論著時曾提過，他最希望後人回憶起他時，能夠記得他是歐洲最偉大的情聖與最偉大的騎師，或許也是全球最偉大的經濟學家。

熊彼得跟杜拉克的父親說：「是啊，對我來說，這個問題還是很重要，但我現在的回答可不一樣了。我希望人們會記得，我曾把好幾位聰明的學生，調教成一流的經濟學家。」

熊彼得一定看到杜拉克父親臉上驚訝的表情，因為他繼續說：「你也知道以我現在的年齡，已經體認到，光讓別人記得你的著作或理論還不夠。除非你能讓其他人的生命因你而有所不同，才算真的有所作為。」

杜拉克的父親之所以會去拜訪熊彼得，是因為得知他已病重，將不久於人世。就在杜拉克拜訪五天後，熊彼得就離世了。杜拉克說他從沒忘記父親與熊彼得的這次對話，他也從中體會到三件事。

首先，我們必須自問：「自己希望讓後人記得你什麼。」再者，「這種看法應隨著年齡增長而改變，隨著個人的成熟程度與外在世界的變遷而改變。」最後，「讓別人的生命因你而有所不同，是值得讓後人回憶的事。」

四十歲的杜拉克與六十六歲的熊彼得，果然迸出「智慧的火花」。在熊彼得臨終前的這一席話，深深地穿透人心，也撼動了杜拉克。

用不斷變化和創新的角度來定義成果

道可頓悟，命要漸修。

「道」就是大路、真理，「命」就是生命。道雖可頓悟，但也不是人人可以悟得，多數人渾渾噩噩過一輩子，既不知生命為何存在，更不曉得真理究竟為何物？因此，對多數的人而言，生命就只是衣食住行，完全不知道平安喜樂，更不曉得意義價值為何？也正因為如此，等到人生的終了也無法大徹大悟，靈魂甦醒更要等災難臨頭才浮現。

暢銷書《標竿人生》的作者理克・華理克，在接受雜誌專訪時說過：「在你的一生當中，你需要心靈導師，你也需要角色模範。模範是你想要效法的對象，我給你的建議是，消滅你所有的模範。我是認真的，你不知道每個人最終的結局是什麼。很多人一開始好像火力全開、衝勁十足，但接著在人生的下半場時，卻是一片混亂。」

在我的一生裡，我至少有三個心靈導師，其中之一就是恩師彼得・杜拉克。因為他教導了我有關「能力」（Competence）這件事。尤其是他提醒我效能和效率是有所差異的。效率只是把事情做對，效能則是做對的事情。

杜拉克教給我另一件重要的事情，就是成效總是出現在組織外部而非組織內部。無論其公司、教會或其他組織裡，絕大多數的人都會認為：「嗯，我們現在營運得不太好，所以必須重新調整組織架構。」他們只是做些內部的變革。

但是事情的真相卻是：所有的成長都是來自於組織的外部，包括爭取到那些原本不使用你的產品，不傾聽你的訊息或是不使用你的服務的人。

杜拉克指出，你必須決定用不斷變化和創新的角度來定義成果，這個道理對社區組織和企業組織同樣適用，事實上，社區組織變化得比企業組織還快很多呢！讀者之中有多少人熟悉華理克牧師在加州橘郡的馬鞍峰教會呢？

華理克從零開始，採取完全不同於傳統教會的作法，建立起超大型教會。他把他的教會當作改變的媒介者，改變的領導者，以及競爭者。華理克成功最重要的原因，應該是他專注於教會之外，亦即完全以市場為重心、以社區為核心、以非基督徒為焦點。針對他們的需求、他們內心深處的渴望，使得教會扮演改變者、領導者及競爭者的角色。

華理克視杜拉克為心靈導師（Mentor），而不是角色模範（Model）。因為這兩者還是有區別。角色模範只是一種外在行為的模仿和效法，僅停留在表面的學習和體會，類似所謂的模仿秀或脫口秀之類罷了，未能觸及核心或靈魂深處。

可是心靈的導師卻能透過心靈的啟迪，開啟了心智之門，因而擴大了心靈的視野，格局自然而然也就放大了。如此一來就能領悟命運的推手、超乎所求。諸如透過他的《標竿人生》一書大賣特賣、震撼全球，影響世人，改變許許多多人的生命。

華理克的《標竿人生》出版後，成為美國有史以來最暢銷的書，突然間他接到來自總統、企業領袖和明星的來電，但就在此刻他警醒了，他聽到了神對他的說話：「別讓成功毀了你！」

從此他以杜拉克為典範，更加以高標準的要求自我，以「正直」對付肉體的情慾，並以「正直」的心來面對人、事、物。另外他也從役物而不役於物，他把自己從馬鞍峰教會所收到的薪資全都退回去。從那天起他不再向教會領薪，效法杜拉克將十一奉獻顛倒過來十九奉獻。這種慷慨是治療眼目情慾的唯一良方，就是慷慨地給予、再給予。

最重要的是作家一旦作品暢銷，初嘗名利時，很快就會相信他人對自己的吹捧，驕傲自大就會隨之而來，這是人與生俱來的共同弱點。然而知道了道理並不代表就能做到，關鍵在於擁有一顆謙卑的心。

道可頓悟，但命要不斷、不斷地修練，才能逐步做到真正的謙卑。這也是為什麼華理克把杜拉克視為心靈導師的真正原因。因為杜拉克就是這樣的一個人，他誠實正直、慷慨奉獻與謙卑柔軟，也是我的心靈導師之一。

不用「優秀人才」，只用適合某種職務的人才

用一個人的長處，是機會的開發；至於他的短處，只是限制。

身為領導者，從來就不該去妄想「三個臭皮匠，一定會勝過一個諸葛亮」。因為領導者必須知道，兩位庸才所達到的成就，可能要比一位庸才做出來的還糟，理由是因他們會彼此扯拉拉扯，造成退步，這是人類的共同弱點。

我們必須明白，唯有具備有特定的才華，才能達成績效。好的領導者從來不會去找什麼「優秀人才」，只會考量適合某種職務的人才。無論任何職位出缺，他們都會努力尋找這方面的長才，期望所用的人能發揮所長、追求卓越。換言之，他們用人時重視的是機會，而非問題。

杜拉克近距離的觀察馬歇爾將軍，發現他在用人的方面堪稱為典範。第二次世界大戰期間，經馬歇爾將軍所提拔後而升為將級軍官的人選，都是籍籍無名的年輕軍官，例如艾森豪將軍。當時他三十多歲，官拜少校，但馬歇爾看得出他是將才，二次大戰後期果然戰功卓越。由於馬歇爾將軍的人用人得當，替美國造就了一批有史以來

為數最多、才幹也最強的將領，這是美國軍事教育史上最輝煌的一頁。

馬歇爾用人時總是問：「這個人能做些什麼？」只要能做些什麼，這個人的一切缺點都屬次要了。但他也堅持任何將官如果沒有出色表現，就必須立刻換掉。他認為國家和軍方必須對接受將官指揮的基層軍人負責，他拒絕接受「但是我們找不到替代人選」這樣的理由，他指出，「重要的是你知道這個人不符合職務需求，要從哪裡找到替代人選，反而是次要的問題。」

但馬歇爾也堅持，解除一位將官的指揮權時，不僅是在評斷這位將官，也要對任用他的指揮官有所評斷。「我們只知道一件事，他把這個人擺錯了位置了。」他指出：「這不表示就其他職位而言，他不是理想人選。但任用他就是我的錯，現在我也必須弄清楚他究竟能做什麼？」

杜拉克有一回得罪了荷蘭皇室，馬歇爾將軍卻對杜拉克說說：「你一點也沒錯，這事我來處理。」事後，杜拉克對馬歇爾的領導力有不凡的評價，原因是馬歇爾將軍值得信任，同時他也信任他所用的人。缺乏互信的基礎，就無法建立有默契的團隊。

馬歇爾將軍對杜拉克的工作負起責任，也願意解決他可能發生的錯誤，只是馬歇爾並不認為杜拉克有什麼錯，所以也願意扛起身為上司的職責，當時杜拉克在五角大廈擔任公職，算是他下屬。其實馬歇爾將軍對杜拉克只有道義責任，但他卻願意承擔一切，化解一場可能的危機。

馬歇爾將軍不但培養了一批優質的將領，更培育出一位美國的總統——艾森豪將軍。馬歇爾刻意讓年輕的艾森豪少校，在三十多歲時就參與戰略規劃，幫助他系統化地瞭解戰略，而這也是艾森豪原本比較不足的部分。

雖然艾森豪後來並未成為戰略家，但是他因此對戰略規劃多了一分尊重，也瞭解戰略的重要性，因此他才得以充分發揮卓越的團隊領導和戰術規劃長才，不會因為原本的弱點而受到嚴重的限制。

後來羅斯福總統懇求馬歇爾留在華府，因為馬歇爾對他而言，實在是不可或缺。在馬歇爾同意留下來後，就將歐洲戰場的最高指揮權交付艾森豪，放棄了自己一輩子的夢想。

高效能的馬歇爾，會根據軍官的能力來安排職位和決定升遷。他制訂人事決策時，考量的不是如何找到缺點最少的人，而是如何充分發揮一個人的長處。他絕不會問：「他和我合不合得來？」而是會問：「他能有什麼貢獻？」他絕不會問：「他有那些事情辦不到？」而總是問：「他能把什麼事情做得特別好？」

用人的時候，他看重的是這個人能否在某方面出類拔萃，而不是希望他各方面都有所表現，但卻表現平平；這也就是杜拉克推崇的「用人之道」。

用「鏡子測試」來抗拒誘惑

人往往很容易欺騙自己，以為自己真的懂了。

人類很偉大，但人類也很渺小。人類既能創造發明，也能運作團隊；但人類也會破壞嫉妒，甚至非理性的發動戰爭。

但這些還不是最慘的，人類最糟的應該還是很容易欺騙自己，以為自己真的懂了，其實根本不是這麼一回事。不但是假的懂，更多的是真的不懂。

居高位者必須樹立風範，尤其在道德的層面上，大家也許會問究竟怎麼做？杜拉克回答：「我的答案，是一個很古老的答案，可以回溯自古希臘時代，我稱之為鏡子測試（Mirror Test）。每天早晨你看著鏡子，當你在刮鬍子或塗口紅時，你問自己：鏡子裡的人是你想看到的人嗎？」

你看到自己時，也許「羞愧」這兩個字太強烈，那麼就問你會「不安」嗎？因為你貪圖省事、因為你違背承諾、因為你行賄、因為你為了眼前的短期利益而做了什麼事，會讓你感到不安嗎？你是那樣的一個人嗎？你想在鏡子裡看到你親眼所見的嗎？這就是鏡子測試。

鏡子測試之所以重要，就是因為你也許可以愚弄組織以外的人，可是你沒有辦法愚弄組織內部的人。你做出什麼行為，他們也會做出什麼行為，你將會腐化整個組織。

因此，站在鏡子前面的這個人，是否就是他們所要成為的、所要尊敬的、所要效法的人。藉由這樣的自我檢測，就能鞏固自己，抵禦身為一名領導者會面臨的最大誘惑，那就是做一些受人歡迎的事，卻不是在做對的事，專門做一些討人喜歡的、格局小的、沒有內容的事。

「鏡子測試」雖然首創於古希臘，但卻是現代人依然要學的功課。這種作法之所以有效，必須建立在兩項前提上，一是我們願意嚴苛的自我要求，其次是取決於恆心毅力的貫徹力。

杜拉克這種「鏡子測試」的真正用意，是在於將自己的「真我」與「假我」作對照，使自己的「假我」在鏡內無所遁形，不再自我感覺良好，不再欺騙自我或給自我矇蔽。尤其是當我們面對誘惑或試探時，我們究竟靠什麼來提醒自己呢？

金錢的誘惑、情色的誘惑、權位的誘惑、貪婪的試探、舞弊的試探、賄賂的試探……等等。這世界充滿了各式各樣的誘惑，能誠實地面對真我，才能抗拒這此起彼落的誘惑。

不信任權力，卻願意協助有權者發揮效能

假如你沒有任何貢獻，就不該收取任何費用。

「貢獻」（Contribution）這一名詞包括三部分：直接的成果、間接的承諾與實現，以及未來人力的發展。缺少了任何一方面的績效，組織未來註定非垮不可。

因此，每一位身為管理者或知識工作者，必須在這三方面都有所貢獻才可以。當然，三者之間，可以有輕重先後之分；但應視組織的需要與管理者或知識工作者的職位與個性而定。若一個人對組織沒有三方面的貢獻，他就根本不該支領薪酬。

這是知識工作者對自我的有利檢測，也是該有的自我期許，絕對不該說：「我在公司已有十多年了，就算沒有功勞也有苦勞，沒有苦勞也疲勞。」這些都是廢話，除了安慰自己，沒有任何用處。

杜拉克有一次在「國家績效評估委員會」的講演中指出：「事實上，杜魯門先生和艾森豪先生曾希望我加入他們的行政團隊，擔任副內閣的職位。我必須拒絕，因為長久以來我一直很瞭解自己，在一個大型組織裡，我並沒有辦法發揮功能；我只會造

成破壞。總而言之，我合作過的所有聯邦政府和其他任何政府，無論是州政府或地方政府，是美國的或外國的，我一直都只擔任他們的顧問、朋友，或是接受一些特別任務。而且我從沒有跟任何政府支取過一分一毫。」

「不過，最重要的是，我與政府合作的經驗，誠如上述，已是非常多年以前。我最後一次接受重大的政府任務，已經是很早以前的一九六〇年代了。」

杜拉克在一次專訪中也指出：「身為哲學家，這是我沒有預想到的。我一直認為權力是最中心的問題，並且認為掌握權力的慾望才是原罪，而不是性。性並不是罪，性是我們跟其他動物一樣都有的。就這個意義上來說，我是一個無政府主義者，但與無政府不同的是，我能接受統治與政府存在的必要。」

杜拉克其實也坦白的表示：「或多或少、我是一個保守的基督教無政府主義者吧！年紀越大，我就對所有那些想要透過社會來解救人類的承諾越來越懷疑。我想，過去五十年來，我們所得到的重要經驗之一，就是人們已漸漸地從『全民福祉』的幻想中覺醒過來，並且越來越相信這個世界上並沒有一個完美的社會，而只有勉強可以『忍受的社會』。」

杜拉克秉持著基督教思想，了解人性的軟弱，愈來愈不信任權力，但他還是願意無條件地協助各級政府去改善效能，這也是杜拉克異於常人的地方。

要管理時間之前，先管理好自己

> 時間不用管理，該管理的是使用時間的人。

「時間」（Time）是無色、無味、無形、既看不見，又摸不著的東西；同時它也沒有替代品，也無法儲存，更無法找人幫忙。就像體重機、溫度計未發明前，人們無法曉得自己的體重、體溫究竟是多少？

杜拉克認為時間不用管理，該管理的是使用時間的人，意即我們是時間的消費者，絕大多數的人更是時間的浪費者。

要管理時間之前，就該先管理好自己；因為管理好自己之後，時間自然納入管理了。所以當美國《公司雜誌》的編輯訪問杜拉克時道問：「您如何打發工作以外的休閒時間？」杜拉克反問他：「什麼是休閒時間？」

杜拉克經常告誡經理人：「一定要知道你自己有多少時間。」杜拉克本人就是此一戒律的實踐家。如果你寫信邀請杜拉克發表一場演講，或幫你的雜誌寫一篇書評，你將會收到他本人寄來一張明信片（杜拉克並不聘任私人秘書），背面印著一段能充分傳遞效率訊息的簡單文字。這種明信片有兩款，其中一款是：

「敝人十分感激閣下的邀請，惜無暇出席，致表歉意。彼得・杜拉克謹覆」另一款則是：「承蒙關注，感甚。惟敝人不克奉上作品或序言、評論；無法出席小組會議或座談會；無法參與任何委員會或董事會；無法答覆問題；無法接受訪問以及在電台或電視中播講。彼得・杜拉克 謹覆」

大多數和杜拉克有過接觸的人，並不會因為這種婉拒方式而見怪。但也不是人人都如此，一位在鄰近城市中的新聞記者要求訪問他，因為收到第二款回函，憤而寄回並附上回函：「敝人遺憾地聲明，今後永不以任何方式評述杜拉克之著作，或提及杜拉克的文章，或引述杜拉克之意見。」

杜拉克在時間的分配上很有技巧，他每年花在顧問諮詢和演講的日子不超過一百天，另外則花一百天在教學上，還有一百天則投注在寫作上，他視時間如命，充分地善用每分每秒，稱他為「時間管理的大師」一點也不為過。

他以多元化的思維、多文化的融合、多角度的觀察以及跨領域的貫通，讓自己原本精力分散的弱點，轉化為他獨特的優勢，進而成為「管理學」的主要內涵。另外他還以神學的高度、哲學的層次、法學的邏輯、政治學的政策洞察、歷史學的人性剖析、經濟學的動態軌跡、人類學的人文根源、社會學的價值更迭以及人口統計學的重大趨勢走向等等，耗費了龐大的時間，若不是建立這一門「管理學科」，他極有可能成為一位雜文作家，而不是「管理學教父」，更不會是「社會思想家」。

栽下信仰的文化，收割文化的信仰

要管理好家庭，必先做好自我管理。

「信心」如同《聖經・希伯來書》所說的：「信就是所望之事的實底，是未見之事的確據。」也就是說，信心的建立不是盲目的，也不是憑空想像得來的，而是通過嚴肅的思考和學習、嚴格自律、完全冷靜、謙卑、讓自己順服更高的絕對意志的結果。

杜拉克相信，信心就是來自於堅信神的無所不能，加上自己不斷想要做對事的意願。這個信心在他的家族裡是一個優良的傳統。杜拉克在一九三七年與夫人桃樂絲女士結婚，同年遷往美國紐約定居，育有四個孩子，六個孫子，個個表現優異、人才輩出；不是律師、就是教授、銀行家、大企業經理人；孫子更是突出，有音樂家、建築師、顧問等等。

蘋果電腦的創辦人史帝夫・賈伯斯雖已去世了，但他一生的努力與貢獻，卻留下了不少的迴響。他所建立的蘋果王國，依然屹立不搖。但賈伯斯跟杜拉克家族有何關連呢？原來杜拉克在一九九四年接受台灣《天下雜誌》專訪時說：

「我那十三歲的孫子，現在是蘋果麥金塔電腦最年輕的顧問。儘管他非常喜愛閱讀，也大量閱讀，但閱讀卻不是他的世界，他的世界全是電子的。他每天晚上跟世界各地的火腿族通話，用『電腦來思考』。對他來說，閱讀並不是為了學習，而是一種樂趣。他認為學習是互動的，我問他為什麼，他說，教科書又不會跟你對話。」

杜拉克家族幾代以來，都能有如此輝煌的記錄，關鍵在於他們有堅定的信仰。不論居住在人文素養濃厚的奧地利，或是遷往科技發達、商業鼎盛的美國，始終保有歐洲清教徒的良好傳統，這種凝聚家庭成員的力量來源，就是「杜拉克家族的共同價值觀」，簡單歸納起來就是「誠實正直、發揮己長、追求卓越、貢獻社會」。

中國俗語說：「好不過三代」，但杜拉克家族卻代代相傳，以信仰建造優質的家庭文化，傳承共同的價值觀，成為世人仿效的幸福家庭典範。

面對無理的攻擊，要借力使力而不費力

領導者往往是孤獨、寂寞的，甚至於無趣的。

「先知」就是對於尚未發生的現象早有洞察，但對絕大多數的人而言，卻是不敢置信的，甚至會批判、懷疑。這也代表著人類的有限性，我們測不透天意、看不見遠處、無法預測未來。

可是卻有極為少數的人，早已感受到山雨欲來風滿樓，或是春江水暖鴨先知的可能現象，進而搶先研判一個個即將登上舞台的要角，將可能引領風潮，主導世局，成為世人矚目的焦點。

杜拉克老早就預知「跨國企業」的來臨，更是最早提出「全球性購物中心」的學者。他認為跨國企業是工業人時代不可避免的發展，因而繼續研究它的崛起。然而，杜拉克從不認為自己只是純粹對現象做出預測，而不對預測的事物做出評價的人。他一直是世界性大企業的鼓吹者，但他也並非贊同它們的一切表現形式。

杜拉克對世界性大企業的來臨，以及提出「全球性購物中心」的概念，使他遭受

各界的攻擊與砲火。批評者認為杜拉克是在鼓勵國際主義的跨國企業，這些全球性的企業是沒有國家的，也是自私的；又因為它們不需對任何主權政府負責，就可以在損害全世界大多數人的情況下，獲得最高的利潤。《全球性伸張》一書的兩位作者巴奈特與謬勒，更直指杜拉克是大壞蛋，是全球性購物中心概念之父，是摧毀民族主義的怪獸，是毫無心肝的人。

然而杜拉克卻胸有成竹、心平氣和的回應道：「跨國企業可稱為二戰後所出現最突出的『社會創新』。」他以獨特的視角，企圖把該項發展歸納在歷史的範疇裡，而且認為全球性企業並非新鮮事。

杜拉克強調：「提供消費商品『全球性超級市場』的發展，來得頗為意外，因為由世界經濟中呈現出來的需求模式，跟經濟學家所預期的大不相同。顧客又一次證明了他們比專家們更懂得他們所要的是什麼。他認為顧客普遍要求一點流動性、一點知識和一點奢華，這種力量是巨大的。迎合這種需求而同時賺取一些利潤，並無不妥。」

杜拉克並沒花時間和精力去為「跨國企業」做進一步的辯護與道歉，他只把它視為一項發展而予以接受，然後對它進行分析，預測它所包含的東西，且尋求使它進一步完善的方法。他承認全球性企業對主權的侵犯，但從歷史的觀點出發，他斷定也沒有任何政府能干涉或改變，這些全球性企業在經濟上是獨立自主的。

同時他也認為世界上的發展中國家，也需要跨國企業。因為這些國家需要資金和技術，而除跨國企業以外，它們又能從哪裡得到這些呢？所以杜拉克回應批評者：「三十年來他們吵著要求國際主義，現在有了它，他們卻又不喜歡它的形式。」

杜拉克之所以令人尊敬，除了他針對歷史的穿透力，對事物本質的掌握力十分精準外，更重要的是他那「謙卑的態度」。面對排山倒海而來的批判和指責，依然能保有一分虛心、冷靜、自省、就教的心態面對。

面對無理的攻擊，杜拉克卻能借力使力而不費力。他會借重外界的批判和論點，成為他深入研究的重點與動力來源，轉化為學術探索的主軸，並成為他新論點的依據、新主張，這真是他的一大收穫，也是他的智慧所在。

從另一個角度來觀察杜拉克，他不願意為跨國企業辯護，是因為他認為它們是既合邏輯而又符合歷史發展的必然。保守的杜拉克總不喜歡浪費口舌和時間辯論，他更痛恨將精力浪費在於他認為無益的事上。因為全球性的企業已經存在了，即使反對的聲音再大，也無法改變此一事實。

所有的生命力都來自真愛

凡事包容、凡事相信、凡事盼望、凡事忍耐，愛是永不止息。

「愛」（love）可分為兩種：一是真愛，另一是假愛。真愛是來於自神的愛，神的愛就是無條件的愛。因為愛是恆久忍耐，又有恩慈，愛是永不止息。

然而，假愛卻是自私、佔有、有條件的，甚至於當利益衝突時，可以愛自己來傷害別人。因此，唯有真愛，來自神的愛才能永不止息，永不變質、永不變調。

杜拉克在辭世前，邀請作家傑佛瑞・克拉姆斯，寫了《聽彼得・杜拉克的課──百年經典十五講》，以及另一位作家伊莉沙白・哈斯・伊德善，寫了《杜拉克的最後一堂課》。

克拉姆斯曾說過一個故事，他與杜拉克用餐完後，杜拉克問說能不能載他去買個東西。克拉姆斯回說當然沒問題，但也追問杜拉克想去買什麼？杜拉克回說：「我要去買個聖誕節禮物給我太太。」

杜拉克跟他太太桃樂絲（Doris）已經結婚七十年了，克拉姆斯知道她出身倫敦政經學院，是一位相當成功的作家、企業家與聲音物理學家，當克拉姆斯把車停在當地一家糕餅店門口時，杜拉克只買了一盒巧克力。還這樣自我告解說：「抱歉，我只會買巧克力送她。」克拉姆斯這時才突然發現，整個上午居然沒看到桃樂絲女士出現。

桃樂絲對杜拉克的工作、生活與寫作或遠遊，總是從旁協助、照料，宛如秘書與護士般的細心。例如當克拉姆斯訪問杜拉克一整天的行程中，直到下午四點又過了幾分鐘，專訪即將告一段落時，才會有人進房來打擾。原來是桃樂絲因為擔心杜拉克太過操勞，所以一進門就下逐客令。

另外北京與香港杜拉克管理學院（大陸譯為德魯克）的創始人邵明路也提到過，杜拉克與桃樂絲鶼鰈情深，可從他們的互動上一目了然。杜拉克每早一定跟太太道早安、擁抱、親吻。吃飯或出門搭車，他一定幫太太搬椅、開門、然後自己才入座、上車，數十年如一日，這一點連帶邵明路夫人也十分賞識。每次一提到要見杜拉克或拜訪他時，邵夫人總是充滿了期待和喜悅，稱讚杜拉克是一位來自歐洲的紳士。

二〇〇六年北京彼得・杜拉克管理學院，在國賓大飯店舉辦首屆彼得・杜拉克論壇，數百名來自中國各界的杜拉克迷都趕來朝聖，會中也邀聲音物理學家桃樂絲前來致詞，正巧被安排坐在我身旁，我就請教她怎樣保養身體？為何九十多歲搭長途飛機卻不感覺累呢？她只笑笑說：「我每週打兩次網球呀！」

九十多歲的桃樂絲女士，完全不需要助聽器，也沒有老花眼。粉絲前來請她簽名時，她居然看得一清二楚。之後我才聽說，她是網球長青組的冠軍，直到九十九歲還是金牌得主，更令人驚奇的還在後頭，到了一百歲還去考人瑞汽車駕照，主考官認為她太老了，不准她考照，她卻問主考官：「你怎麼可以剝奪我的合法權利呢？」最後主考官只好同意，但不准她上高速公路行駛。

杜拉克在受訪問時曾提到當初是如何認識桃樂絲的？他說：「由於我不是德國公民，沒有資格參加法學博士學位考試。於是我憑著死背強記的功夫，以填鴨式通過另外的考試，取得一個幾乎毫無意義的公法與國際關係博士學位。我的博士論文題目是：『從國際法觀點探討準政府的地位』，所謂的『準政府』，就是反叛組織、流亡政府與即將獨立的殖民地政府。」

「讓我結束法律系學生生涯的關鍵，是我遇見了桃樂絲。我們倆人相遇的場合，是在一間教室。當時我並不是在底下當學生，因為我很少去課堂上聽課，而是接受一位請病假的國際法教授之託，代理他教的那一堂課，竟因此認識來自德國西部大城市美因茨（Mainz）的年輕女孩桃樂絲。」

一九三七年杜拉克與桃樂絲結婚後，由英國移民美國紐約。杜拉克在完成第一本以英文寫作的《經濟人的末日》一書後，還在自序裡寫道：「要感謝我的妻子，在寫書期間一直支持我、協助我、給我意見、批評和建議。沒有她鼎力相助，我絕對無法完成這本書。」杜拉克能與桃樂絲永浴愛河關鍵到底是什麼？其實也就是「自我管理」與「核心價值觀」。

堅持「對人類的終極關懷」

管理學雖只是一套系統的無知，但能幫助我們釐清了事物的本質。

二〇〇五年十一月十一日，杜拉克在家中去世。到了十一月月二十八日，美國《商業週刊》（Business Weeks）以杜拉克的遺照做封面，標題就是「發明管理的人」（The Man Who Invented Management）。這是具全球影響力的媒體，正式向世人宣告：一代大師彼得・杜拉克就是發明管理學的人。

然而杜拉克是以管理學這項工具與專業，解決人在社會的功能和地位，進而以實現人的價值與組織的績效，找到自己的尊嚴與自由的價值。並以管理建立社會的制度、成為世界共同的經濟制度，以實現杜拉克最終的願景「自由而有功能的共同社會」，我們因此稱他為「社會思想家」。

杜拉克是世界最偉大的管理哲學思想家，他有非凡洞察力，提出的目標管理與自我控制與聯邦分權化等主張。這些創見在管理的思想上和實務上，都產生了巨大的影響力。難怪查理士・韓第曾說：「杜拉克是第一位管理大師，也是最後一位管理大師。」

杜拉克也是一位革命性的思想家，他以完全開放的胸襟，得以對社會中真正發生的事進行冷靜而客觀的洞察，並做出必然的總結。他又以高超的開放而動態的系統思維，淵博而深邃的智慧參透未來，看出許多世紀以來生活方式的總結。

杜拉克是歐洲人，卻以英文寫作，還成為暢銷書作家。他是組織結構的權威，但卻從未屬於任何組織。他是各類組織的超級顧問，卻從不經商。他是一位保守主義者，但卻將最受尊崇組織的缺失和不合理現象描繪殆盡。他是一個偉大的導師，但卻堅持要向學生學習。他是一個哲學家，但他的哲學卻不能被納入經典範疇；幸好他並不以為意，且十分尊重。

杜拉克是一位保守的創新者，他看到變化是必然的現象，也看到了需要重建過去而並非排斥過去。同時我們也看到杜拉克的另一面。他是極為樂觀者，他放眼遠處，希望並相信人類可以獲得未來。他試著以管理學來對應社會與人類的種種現況和問題，進而找到可以解決的途徑，讓人類和社會能得到健康和諧。

雖然他謙稱管理學只是一套系統的無知，但至少杜拉克幫助我們釐清了事物的本質，讓我們不必再摸索，不必再走彎路，只要去實踐、實踐、再實踐就行了。也許有人會認為，杜拉克所提倡的是一種近乎神秘的基督教世界觀，但別忘了，杜拉克也告訴我們，可以透過創新的作法建造新秩序，讓我們也能和上帝以及永恆和好合一。

超級諮詢顧問的杜拉克，不拘禮儀、毫不造作、極其隨和與十分親切。有一回，在炎熱的夏天，打從紐約來的訪客已花了整個上午的時間，和住在加州克拉蒙特市的這位聖人（Sage），熱烈地討論他們將要從事的新事業開發案。

杜拉克忽然開口邀請他們到後院的游泳池去泡一下水，其中有個人回道：「我們沒有帶泳衣耶！」杜拉克卻回說：「我也沒有游泳衣。不過沒關係，我們都是男生。」於是他們很舒適地在游泳池裡享受玩水的樂趣。這時，杜拉克夫人從外頭回家，杜拉克卻朝著屋內喊道：「是桃樂絲嗎？快來見見這幾位有趣的年輕人。」

杜拉克平易近人，沒有秘書或助理，沒有精細的圖表，沒有電腦印出來的資料。只是談論著人、問題、關係、結構和未來。這看來很不科學，但這就是杜拉克的一貫作風。向他諮詢的大企業有通用汽車、奇異、可口可樂、花旗銀行、IBM和英代爾、寶鹼、世界銀行、福特汽車、惠普、嬌生、默克、摩托羅拉、大師服務、豐田以及臨終前的最後客戶恆達理財公司等。

直到最後一刻，多年來杜拉克因腹部的惡性腫瘤而苦，二〇〇四年還摔傷了髖部。無怪乎他常說：「人不用祈求長壽，只求能走得輕鬆就好。」回顧杜拉克的一生，最讓人佩服與崇敬的，並不是他的四十一本巨著，也不是他發明了「管理」，更不是影響或改變了這個世界，而是他堅持「對人類的終極關懷」。就算是他臥病在床、離世前依然如此。

Part 5 決策DNA

大多數的組織嚴格說來並不缺效率，
欠缺的是「效能」。
杜拉克認為企業經營唯一正確而有效的定義，
就是創造顧客，而不是創造利潤。
因而正確的領導者總是能做出正確的抉擇，
傾聽顧客的聲音，要如同聆聽上帝的聲音。
這也就是管理人需要具備的「決策DNA」。

一旦決定了，就要快刀斬亂麻

不要從別人的錯誤中學習，而是要看看別人是怎麼做對的。

人的一生，有可能不犯錯的嗎？雖然知錯能改，善莫大焉！可是偏偏很多時候一旦錯了，連改正的機會都沒了。

因此，杜拉克會建議大家要能自問自答、自答自疑與自疑自判的說：「這件事如果不做，是否會後悔呢？」會後悔，就立即去做；不後悔根本不必做。

在《旁觀者》一書中提到，他受這兩位猶太人的影響很深。赫姆是一個是天才型的政府官員，當時奧匈帝國正遭逢歷史的大變動，奧地利皇儲斐迪南大公在南歐遇刺，引發了第一次世界大戰。赫姆當時掌管奧地利的貨幣及財政大權，杜拉克推崇他是奧地利有史以來最偉大的公職人員。

吉妮亞則是一位天賦異稟的女教育家，創辦女子大學預備學校，戰時又興辦各種照顧弱勢的民間團體，文化沙龍等。但她卻認為創辦學校根本沒有用，老師教得好才是最重要的。她甚至說：「不要問一個人該怎麼辦，直接告訴他怎麼做就可以了。」

一九三三年二月初，歐洲已籠罩在納粹陰影下，杜拉克也終於下定決心，離開維也納前往英國倫敦，尋找自己的前途。但他因為要與親友一一告別，延宕了離開的時刻。其中非造訪不可的，就是赫姆的家。吉妮亞對他十分關心，因為親切的問候，包括在倫敦的工作機會和他的財務狀況。

突然，赫姆走進來，聽了一會兒後，對著吉妮亞說出讓人難以入耳的話：「吉妮亞，放了這小子吧！你這個樣子，就像個愚不可及的老太婆。」然後轉身跟杜拉克說：

「我是看著你長大的，一直很欣賞你的獨立，不人云亦云，甚至不會被我們的意見影響。你高中一畢業，就決定離開維也納到國外闖天下，這點讓我感到很驕傲。去年希特勒在德國主掌大權，你毫不猶豫地離開德國，教我不得不為你喝采。現在你不留在維也納也是對的，這個國家已成明日黃花，就快完蛋了。但是，彼得啊！一旦決定走，就要快刀斬亂麻。不必告別了，快跟吉妮亞吻別吧！」

他把杜拉克從椅子上拉起，告訴他：「你快回家整理行囊，往倫敦客輪的火車，明天中午就要開了，你一定要搭上這班車。」接著他粗野地把杜拉克拖到門邊，幾乎要把他推下樓去。大聲吼叫：「不要擔心工作的事，工作總是有的，而且一定會比這裡的好。找到差事後，給我們寄張明信片，可別把我們忘得一乾二淨喔！」

第二天，杜拉克便搭上那班火車前往倫敦了，果然在倫敦不到六小時就找到了工作，還比維也納所提供的任何機會要好。他在倫敦的一家銀行擔任經濟分析員，並且擔任合夥老闆之一的執行秘書。之後，他遵照赫姆的要求，給了他寄張明信片。

杜拉克回憶道：「其實我欠他的實在很多，因此，我想寫封熱情洋溢的信函，但又害怕被嘲笑說我濫情，最終只好作罷。後來，我一直無法原諒自己沒寫那封信。因為我再也見不到赫姆，沒機會對他訴說心中的感激。他在一九三四年夏天中風，後來身體雖無大恙，卻逐漸喪失了心智能力。多年後，有人告訴我，赫姆在神智稍微清楚時，還會問道：『為什麼最近都沒有彼得·杜拉克的消息呢』？」

杜拉克十四歲時，曾請問父親對赫姆的看法，父親說：「每次碰著一些難以處理的事情，卻又必須找一位毫無懼色的人來處理時，我就會想到赫姆。因為他具有直指核心的洞察力，並且願意去面對最艱困的任務。」從杜拉克敘述他與赫姆道別時，赫姆的大開大闔就能看出，這對杜拉克一生有著極為重大的影響。

杜拉克一生中的貴人很多，不論是家人、親戚、好友或初次見面的陌生人。但赫姆在他離開歐洲前，那臨門一腳簡直是神來之筆，讓杜拉克更加強化意志，找到人生的重要舞台，邁向燦爛光輝的第一步。

杜拉克沒有留在出生地奧地利，也沒留在讀書的德國，因此希特勒大軍席捲歐洲時，他不會被關進集中營，這個正確的決定，來自赫姆的肯定。

在對的時機、出現對的人，最終自然能做出對的決定。

管理就是不做數字的奴隸

數字通常只代表結果，唯有見解才是判斷的基礎。

任何組織不論是開會討論營運，或是檢討過去的結果，以及對於未來市場的評估，都會動用許許多多的統計數字與數據，目的不外乎是要作為決策的參考，而數字與數據總是被認為是有意義的「事實」，但事實上是如此嗎？

天賦異稟的女教育家吉妮亞，設有「沙龍」這個名人演出的平台，每次都會邀約重量級的人士表演。連十四歲的杜拉克，都曾到過沙龍過了幾分鐘的「明星癮」。

三年後杜拉克又去了吉妮亞的沙龍，但這次他遲到了，他先向大家道歉，並解釋他因一直在圖書館查考資料，準備寫一篇大學入學考試要交的論文。吉妮亞則問道：「你在寫些什麼？」

杜拉克說：「我的論文題目是《巴拿馬運河對世界貿易的影響》，因為這條運河是十年前才通航的，目前還沒有人研究這個課題。」

「真是有趣，」吉妮亞說：「過來吧！坐在我旁邊，跟大家報告一下。」接著，她提高音量，補上一句：「赫姆，安妮特，你們兩位也過來聽聽彼得•杜拉克的發表。或許你們會認為他研究的東西很有趣。」

杜拉克報告完了之後，赫姆卻開口了，他聲如洪鐘的這段話，讓杜拉克一生受用不盡。他說：

「在處理統計數字時要記得：絕對不要相信這些數字。不管知不知道這些數據是誰提出來的，都要質疑其可靠性。過去，我管政府的出口統計數字管了十二年。這一點我再清楚不過了。」

從市場的角度來看，過去由「收入決定購買」、「興趣決定購買」到今天「價值決定購買」與「個性決定購買」及「時尚決定購買」。事實上已發生了「質」的變化。等到「質」的變化，可以用「量」來表達事實時，再來修正做法已為時晚矣。

因此不是數字與數據不可信，而是需要有客觀的「質疑」，這種質疑並不代表對人的不信任，而是經驗告訴我們，數字與數據易於誤導我們，而不是人在誤導我們。

更何況我們是處在「動態的環境中」，根本無法驗證過去的歷史數字、數據，甚至是數值。這些只能僅供參考，根本無法佐證事實，更談不上代表未來。

針對外界的事物，重要的不是趨勢，而是趨勢的轉變。因為趨勢的轉變是決定一個組織及其努力的成敗關鍵。但這項轉變只能靠覺察，而無法計量、無法界定、更無法分類。所以，管理者雖然不能改變，但他卻能覺察，這也就是管理者的優勢。

管理就是不做統計圖表的奴隸

你必須建立一套自己檢驗績效的方法。

每個人都一樣，愈小的時候愈渴望有禮物。而禮物之所以如此迷人、致命的吸引力就是在拆開禮物的那「一剎那」，這幾秒鐘猶如時下所用的火星文「秒殺」，因為當時內心的期待和急迫一探究竟的好奇心，全寫在臉上。

送禮是一門學問，高明的禮物正說明了送禮者極高的內在修為和駕馭人心的藝術意境。透過禮物，能將送禮者與收禮者彼此的心靈，剎那間合而為一。

杜拉克在吉妮亞所主持的「沙龍」亮相時，除了赫姆的一番話頗受激勵外，另一位便是安妮特小姐，她的聲音有如長笛般輕柔悅耳。

「你不是說沒有人出版過這方面研究的成果嗎？」

杜拉克點點頭。

「那你就一定要出版這篇論文，這邊有一張期刊的名單，或許你可以投稿給他們。」

打從十二歲起，杜拉克就開始閱讀《奧地利經濟學人》雜誌，在當時這本週刊是歐陸最卓越的出版品之一。創刊時原本是仿效英國的《經濟學人》，但很快地就有了自己的特色，而且風格活潑，不但論及企業和經濟，也涉及國際政治、科學和政治。

那篇談到「巴拿馬運河對世界貿易的影響」，在幾週前才剛被一家德國的《經濟季刊》所採用，即使這篇文章多半是統計圖表（也是赫姆所質疑的），但是首次看到自己的文字印刷面世，自然是興奮不已；再加上《奧地利經濟學人》邀請他參加新年特刊的編輯會議，更是一項難得的殊榮。

尤其讓他得意且欣喜若狂的，是在邀請函的下方有一行字，是編輯親自用鉛筆寫的字，加上名字縮寫：

「閣下論述巴拿馬運河一文，實為上乘之作。」

這樣的讚賞和肯定，對年僅十八歲的杜拉克來說，是個最寶貴的耶誕禮物。經過查證，《奧地利經濟學人》自一九〇三年創刊以來，杜拉克・阿道夫（杜拉克的父親）就一直是忠實訂戶的，也是該雜誌社的朋友和顧問，更長期為他們撰稿。

在這樣的環境裡，杜拉克很小時就能讀到這本週刊，但最重要的還是杜拉克的早熟和領悟能力，使得他能提早社會化的行為思考，藉以感受外在世界的脈動，提昇自己的宏觀視野，並掌握世界的趨勢變化。

當杜拉克在吉妮亞沙龍上發表論文時，雖然遭到赫姆的挑戰和質疑，因為杜拉克用了大量的統計圖表和數字，可是他的直接反應居然不是遭受打擊，反而是學習和警惕，使得他終其一生謹記在心，受用不盡。

他將赫姆視為忠誠的良師，願意虛心就教，日後也不再使用統計圖表。杜拉克一生著作等身，卻不見統計圖表，這樣反而激發出他的原創概念和管理學思想體系。

禮物有兩種，形式雖不同，但卻都有益處。正面積極的禮物是上天的恩賜，應當珍惜；負面消極的禮物，是上帝賜下變裝後的祝福。因此，禮物的價值認定，往往取決於自己態度。

一件禮物的價值，不在於其價格的多寡，而是在於它給人的衝擊與震撼程度。因此決定價值的高低，不只在於送禮者，收禮者本人的視野和心態也是關鍵之一。

杜拉克年輕時便具備了這樣的特質與人格，因此也有了過人的膽識和承受傷害的能力。只要是對的，是好的，是該做的都一概接納，並且不計後果地願意去嘗試、去把握、去行動。

寫作的邏輯，也就是管理的原則

目標簡單、明確、清晰、具體而且可操作，這是杜拉克寫作的邏輯，其實也就是管理的原則。

「該做」的這回事，並不是自己想要完成的願景，也不是自己所堅持的使命感，更不能說是自己的目標。

「該做」代表著一股膽識、一分責任與一個行動，因為「該做」的必須被後世所渴望和需求，它是社會的吶喊，也是人類普遍的期待。

杜拉克二十二歲時，雖是學校裡無給職的講師，卻也是正式的大學教職，且可自動成為德國公民，但他卻不屑一顧，因為他不想成為希特勒的臣民。

這時他決定寫一本書，其實厚度只能算是一本小冊子，書名為《史達爾的政治學說與歷史的變遷》。史達爾是德國唯一的保守政治哲學家、卓越的普魯士政治家、議會法學者。他主張法律下的自由，也是反對黑格爾的哲學運動領袖。

史達爾是個猶太人，他的保守和愛國精神，在混亂不清的一九三〇年代，杜拉克把史達爾當作典範與導師，無非是公然侮辱納粹黨，對作者將會帶來很大的風險。

杜拉克花了幾週寫完了這篇論文，並寄給以政治科學與政治史著名的莫爾出版公司。莫爾公司立刻接受了這本小書，並計畫儘快出版，還在一九三三年的四月刊載在第一〇〇期的特刊上，列入那有名的法律與政府系列的討論中。

雖然杜拉克和莫爾公司的編輯素未謀面，但他們卻很瞭解杜拉克的用意。讓杜拉克感到高興的是，納粹的反應正如他原先所預料，這本書立刻遭禁，並公開焚燬。後來杜拉克回憶道：「當然，這本書沒能造成什麼震撼，我想也不會有，但已明白表示了我的立場。即使沒有人在意，為了自己，我還是確定這麼做是有意義的。」

杜拉克十分清楚，他的外國護照不能給他永久保護，不久之後，他不是被踢出德國，就是入獄。因此他決定小心行事，儘早離開德國，而不要妄想等最後一刻。其實以「史達爾的政治學說與歷史的變遷」為題，撰寫的這一本小書，雖然只是代表杜拉克認同史達爾的政治哲學與政治信仰。而他也一再陳述這本書跟納粹沒有什麼關係，就是不想和他們有任何瓜葛。

至於納粹的反應正如杜拉克所預料的，為什麼會讓他值高興呢？因為納粹將這本小書立刻列為禁書，並且公開焚燬，才會掀起風暴，促成讀者的好奇心和搶購潮，讓納粹的謊言不攻自破，暴露其猙獰面目，顯露其獨裁真相。

目標簡單、明確、清晰、具體而且可操作，這是杜拉克寫作的邏輯，其實也就是管理的原則。

結果看得見，過程是關鍵

> 精準，而且犀利，這才是真正的洞察。

「人看走來、樹看鋸開」這是可以理解的。但要洞察社會的本質、瞭解演變的真相，恐怕要倚賴每個人本身「洞察力」的高低了。

「洞察力」並不是短期內可以學會的，甚至可以說是某些人永遠學不來的，有時確實需要仰賴個人的天分與特質。當然，若能經由長期的思考和自我淬鍊，以及有效的驗證，也許還是可以增加一些「洞察力」的。

杜拉克在一九三七年年底，已經完了第一本重要的著作《經濟人的末日》。他將手稿交給享譽大西洋兩岸的重要人物布雷斯佛德。他的年紀比杜拉克大三十六歲，是杜拉克的忘年之交，也是一位了不起的作家，更是英國最後一位異議分子。

布雷斯佛德為他介紹了一家美國出版商，這位出版商很喜歡這本書，但還是有一點與杜拉克不同的意見。因為杜拉克預測納粹最後對猶太人的「解決之道」，就是屠殺歐洲所有的猶太人，以及希特勒將與史達林的「狼狽為奸」，這些都是當年自由世界正派人士所無法想像的。

杜拉克和布雷斯佛德為了這不同的觀點，談了一整晚，也擔心會因此一觀點找不到人出版。剛巧杜拉克隨身帶了一分手稿，布雷斯佛德就拿去看一下。第二天早上，他下來吃早餐時，一副睡眼惺忪的樣子。顯然他徹夜未眠讀完全書，而且非常興奮。他告訴杜拉克：

「彼得，這實在是第一流的作品。我已經拍了封電報給紐約的出版商，告訴他們一定要出版本書，而且要儘速。但是，你可別謝我，我也想請你答應我一件事，就是讓我為這本書寫個序。這樣我就可以與共產黨正式宣布分手了。」

布雷斯佛德在序中表示，共產主義注定失敗。半個世紀過後，也正如布雷斯佛德所預期的。果然這本書一出版就洛陽紙貴，幾個月後在英國一出版，也是一樣大受歡迎。布雷斯佛德與共產主義的訣別書，也就藉此公諸於世，而被列入歷史了。

具有天分和特質的杜拉克，非但從小就有獨立思考的能力，又加上熱愛探究真理，不論專家說的、權威講的，他一概不買單，總是要去求證、求真，這種特質造就了他。在《經濟人的末日》裡，年輕的他就敢大膽斷言馬克思主義的全盤失敗，史達林最終也一定會和希特勒簽訂協定，甚至認為希特勒會步向終極方案「屠殺所有的猶太人」……等等。這些預測不但精準，而且犀利，這才是真正的洞察能耐。

時機往往決定世局、果斷恰恰扭轉乾坤。從杜拉克出版自己的書就能看出，管理就必須「結果看得見，過程是關鍵」。

管理就是要掌握一切能掌控的

你必須專注於重要的決策，不要淪為反覆忙著解決問題。

「解決問題」至多只能回復原狀，對於問題的本質並沒有多大的作用。唯有重大的「決策」，才能轉變內外情勢，借力、使力，使原本的表象問題能化為可能的機會。因為「解決問題」只是著眼於過去，而「有效決策」則是著眼於未來。

杜拉克撰寫《經濟人的末日》一書，當然有其政治上的目的，也就是：「希望能強化人們維護自由的意志，抵禦為支持極權主義而拋棄自由後所產生的威脅。」

杜拉克在書中，有意或無意的曾暗自希望邱吉爾能在英國政壇出頭，領導世人對抗極權政治。果不其然，邱吉爾於一九四〇年，亦即該書初版一年多後執政，這也就是杜拉克寫作這本書時所祈求和盼望的。

邱吉爾日後的貢獻，正是當時歐洲迫切需要的：「道德力量、對價值觀、對理性行為之正義的信仰與重獲伸張。」一套句邱吉爾的話說，這就是「命運的關鍵」。

當然，《經濟人的末日》出版後，能引起大西洋兩岸的軒然大波，也就是因為邱吉爾的強力推薦。尤其是邱吉爾在一九三九年五月二十七日發表在《英國泰晤士報文學副刊》，公開對杜拉克《經濟人的末日》的讚揚。其中寫道：「杜拉克最令人感到神奇的，就是透過一條具啟發性思路，開啟我們智慧之窗的能力。」

次年邱吉爾當上英國首相後，下令將該書列入「英國預備軍官學校」應屆畢業生的課外讀物書單中。因此，杜拉克能在美國經濟大蕭條時，順利獲得莎拉・羅倫斯大學的聘書，擔任經濟系兼任講師，這也是他移民美國後的第一份工作。

年輕的杜拉克一嗅到不尋常的訊息時，立即感受到西方民眾與社會、政治信念之間的「疏離」，也頓時體悟到納粹主義將在歐洲政治體蔓延，而馬克思主義也不足以挽救對抗。在這關鍵時刻，他做了重大的決定，後來證明了也是歷史的轉捩點，因為他藉著寫作，有意無意地將邱吉爾推向世界的舞台。

就像邱吉爾後來在議會裡演說中的一句話：「我唯一能奉獻的只有熱血、辛勞和汗水。」在面對強大的德國時，他用堅定的口吻說：「我們所持的政策究竟是什麼呢？開戰；我們的目標又是什麼？勝利。」他在關鍵時刻，做出重寫歐洲歷史的重大決策。邱吉爾能擁有這般勇氣和擔當，還能如此果斷和行動，也要拜杜拉克《經濟人的末日》的激勵與鼓舞。

幸運總是落到準備好的人頭上，管理其實也就是要掌握一切能掌控的，往往就會有意想不到的收穫。

數字不是願景，只是一堆符號

認識自己不是從「我要成為什麼人」起步，而是要從「我不要成為什麼人」開始。

有人說：「二百個經濟學家不如一個乞丐」，雖然只是一句俏皮話，卻沒有任何貶抑的意涵；因為無論你有再多的學術理論，總不如食物帶來的飽足感。

那些難以理解的數學統計模型，以及眼花撩亂的數字，只是讓人敬而遠之。經濟學家所關注的，原本應該是是商品、市場、金融、交易；但事實上影響這些變化的主角，永遠都還是「人」，偏偏「人」又是經濟學家最弱的一環，怎麼辦呢？

年輕的杜拉克，在歐洲逗留的那段時間，發現自己並不適合做一位經濟學家。當時他每週都會搭火車到劍橋大學參加凱因斯主持的研討會。就在這位偉人跟前聆聽教誨時，杜拉克說：「突然領悟到一個事實。那就是滿屋子的人，包括凱因斯本人與聰明有才華的經濟系學生，只對商品的行為有興趣，而我卻更關心人的行為。」

因為具有這種關心人的性向，導致杜拉克決心投身管理的領域，乃至於日後以管理顧問為終身職志。在杜拉克的眼裡，「人」才是管理的全部內容。談到自己從事於顧問諮詢時，杜拉克指出：

「這是一個以人為核心的事業。我們並不是販賣商品的蔬果商家。我與經濟學家之間只有一點共識，那就是我不是經濟學家。」

當談及凱因斯的經濟論時，特別是凱因斯建議處在經濟衰退階段，政府應該增加支出這一論點時，杜拉克毫不留情地批評道：

「這就像醫生發現病人罹患末期肝癌，動手術也無法治癒，卻告訴病人說，假如你和十七歲的妙齡女郎同床，你的癌末就會痊癒同樣荒謬。」

杜拉克在聆聽凱因斯的研討會時，敏銳、犀利與精準的直覺判斷力，這些都是平常大量思考的結果。更難能可貴的是由於「對人的關注與對事的執著」，使他終生以生態學家的角色，關注社會和人的行為，進而研發一套卓有成效的「管理學」。

現在的年輕人流行追星趕夢、迷信名牌、名人，這些都是缺乏思考力的表現。他們不是因為迷信而迷信，而是因為內心空虛無法滿足而迷信。

但杜拉克從小就不吃這一套，他挑戰權威、他質疑偉人、他不滿現狀、他探究真相。正因為這樣，他一直保持著一種冷靜、客觀、孤僻、務實，又同時兼具開明而保守的雙重性格，使他具備了既有開創力的原創概念，又擁有最典型的中道精神。難怪他毫不客氣點出了凱因斯的經濟學說不切實際且無效、疑誤時機的浪漫思維。

做對的事比把事做對更重要

績效自然就能判決，但並不能代表一切。

「績效」（Performance）是做對做好一堆事情的可能結果。但是今天同樣做對做好了一堆事情時，結果卻不如自己的想像，原因是什麼？因為外界已改變了，或者職位已更改了。你要認清現實，不論是內部、外部的動態變化，最重要的還是自己要能走在改變之前。

一九三三年時，二十四歲的杜拉克從法蘭克福市搬到倫敦市，起先在一家知名保險公司擔任證券分析師，一年後跳槽到一家小規模但快速成長的私人銀行，擔任三位資深合夥人的執行秘書和經濟分析師。

這家銀行的三位合夥人中，一位是七十五歲的創辦人弗利柏格，另外兩位是三十五歲是理查‧牟賽爾兄弟。起初，杜拉克只替牟賽爾兄弟做事，但工作三個月後，創辦人把他叫進辦公室：「你剛進來公司時，我不太看重你，現在還是一樣。不過你比我想像得還笨，而且比你職位所需的水準還笨得多。」

由於理查兄弟總是都讚美杜拉克的工作表現，使他在聽到創辦人這樣批評他時，一時之間還難以接受。但後來杜拉克清楚了弗利柏格的想法，也完全改變自己的行為和工作。

從那時起，杜拉克每次接手新職務時，就會問自己：「現在我有了新職務，該怎樣做才能讓自己發揮效能呢？」每次他得到的答案都不太一樣。

之後將近七十年的顧問諮詢工作裡，杜拉克和許多國家的各種不同的公私組織合作過。他認為在所有組織中，最浪費人力資源的事，莫過於「不當升遷」。在那些獲得晉升而擔任新職位的能人當中，後來真正成功者並不多見，有些人甚至根本是徹底失敗；大多數人只是既不成功，也不失敗，升職後表現反而變得平庸，能夠有效成功的人寥寥無幾。

一九六〇年代風行多年的「彼得原理」（勞倫斯．彼得是位管理學家），就提到一個人在組織裡，往往會因工作績效表現良好，而被升到一個不能勝任的工作職位上。按彼得的說法：一個人的才華會有用盡的一天，不管他多厲害、多成功，總有一天會面臨江郎才盡的地步。

這種現象的描述固然傳神，但事實卻不是這回事，原因是他們在從事新職務時，用的還是先前在舊職務上獲得成功並得以擢升的那套作法，所以無法勝任新工作。因此絕不是他們的能力變差了，而是他們根本就沒有做對的事。

他們在從事新工作時，忽略了新工作所需的能力與需求。例如原來是位超級推銷員，被擢升成為業務主任時，新職位所需具備的能力，已不再是推銷的能耐，而是需要擁有管理的技能與領導的素養了。可是超級推銷員沒有自我覺察到新工作所需的條件，跟以前已大不相同了。

杜拉克擁有一顆願意受教的心，工作中他會請教那些客戶中效能突出的人士，尤其是大型組織的主管，請問他們將自己的效能歸功於什麼原因呢？就像弗利柏格逼迫杜拉克好好想想新職務該做些什麼才能有效。

依杜拉克長年累月的經驗來看：「沒有人能自己發現這件事，必須靠他人教導你。不過一旦你學到了這個教訓，就不會忘記，而且幾乎毫無例外，都能在新職務上獲得成功。」

因此杜拉克總結：「這裡所需要的不在於優異的知識或才能，而是在於將注意力集中到新職務的要求上，你要掌握新挑戰、新工作及新任務的重要關鍵事項。」

要常思索：「我們的顧客是誰？應該是誰？」

認知顧客的習性與需求，才是業務成交的本質。

天地萬物，種類何其多又廣？這是創造主之功。然而天底下卻沒有一種生物，會比得上人的變化多端。

對人的解讀和洞察人心雖然很難，但只要願意用心觀察，留意這個人的行、住、坐、臥，就不難理解這個人的動向和意圖，也不難發掘這個人的優點和缺點，最終找出「我們的顧客是誰？」以及「我們的顧客應該是誰？」

年輕時杜拉克的老闆弗利柏格告訴他：「牟賽爾兄弟認為你將來必能成為銀行業務方面的頂尖好手，然而我卻常常看你埋首書堆。或許，藉由從書中學習，你可以成為經濟學家，但是銀行業務都是和人打交道的，所以你必須先學會『觀察人』。我會找個值得觀察的人，讓你好好瞧瞧。」

後來弗利柏格要杜拉克見的第一個人，就是「亨利伯伯」。「亨利伯伯」自稱是一個小販，他最愛的就是「交易」，不管到那裡，他都會特別留心機會。令人吃驚的是，最終他總可以歸納出一個道理來。例如：「零售只有兩個原則：一是只要兩分錢的折扣，就可以使其他店家最忠誠的顧客動心；二是不把商品上架，永遠都賣不出去。其他，就靠你的努力了。」

另外他也提到：「沒有所謂無理性的顧客，只有懶惰的商人。不要試著去教育你的顧客。這並不是商人的工作。」

弗利柏格要杜拉克去見的第二個人，是個叫做帕布的荷蘭商人。帕布具有理財的才氣，剛從荷蘭搬到英國來，他要買房安頓，弗利柏格就要杜拉克作陪帶路。

帕布說：「如果我還要去推銷我的方案，那就錯了。一定要簡單明瞭到任何人看了，立刻就說『對了』的地步。」

帕布想出來的方法總是最創新、最完美的解決之道。他常說：「除非我能有所貢獻，為我所購買的公司做點事，否則我不會投資。從很早以前起，我就不靠自己的小聰明賺錢了。我希望自己是因為『做對的事』而獲利。」

藉由學習與吸收書中的智慧，可以讓你成為一位經濟學家；但成為一位卓越的銀行業務經營者，就不是經濟學家可以辦到，因為兩者之間沒有必然性，甚至於毫無交集；唯一的可能交集，不過只是一堆數字符號或數學模型罷了，關鍵就在於銀行業務都是要跟人打交道的。

弗利柏格愛才如命，願意將自己家族二百年來的銀行傳統傾囊相授，他用非凡的智慧直指核心、抓住重點、掌握事物的本質，傳授給杜拉克的秘訣就是「對人的觀察」與「觀察人的行為」。

亨利伯伯則是給杜拉克上了一堂前所未聞的經商示範，在商場中，如果顧客的行為，完全不像你預期的，不可說是他們失去了理性。商人的工作就是使顧客滿意，使他們再度上門。消費者是理性的，只不過商人看到的現實，往往和顧客不同。

有些商店的採購人員，他們採購商品不是為顧客，而自認是為了公司。這是錯誤的。如此一來他們會失去顧客，東西賣不好，也無法獲利。

另外杜拉克也透過對帕布的近距離觀察，發現帕布對自己所經手的交易或客戶絕口不談。他不曾接受報紙訪問，對自己的隱私也極為注重，名片上僅僅印著「帕布」，連地址和電話號碼都付之闕如，他幾乎過著隱姓埋名的日子。

然而若是要拜訪最有名的大企業家、銀行總裁或政府部會首長，他可一點都不會遲疑，事前往往沒經預約，就直接走進辦公室。

杜拉克一生中幾乎完全不接受電視的採訪，最多只是會接受報紙或雜誌的訪問。連全球各地的國家元首召見，他也一概婉拒。除了跟他的性格與不擅交際有關、或多或少也是在年輕時受到帕布的影響。

不是「預言」，只是「剛好注意到」

說了什麼並不重要，重要的是驗證什麼。

人類的行為，取決於他怎麼看這個世界。也就是說，我們如何回應自己的世界觀或宇宙觀，就會出現怎樣的行為。因為這種價值觀的取捨，直接影響到自己的思想、自己的行為，甚至自己的結果。

杜拉克是一位貨真價實的歷史學家，更是政治學家，他對於世界的解讀超乎常人。對他而言，有件事永遠是解不開的奧秘，那就是每隔二百年到三百年，世界都會出現巨變。然而經歷那段時期生存下來的人，卻連改變前的世界都不復記憶了。

杜拉克提醒我們正處於這樣的時期，他還猜我們已走過了一半，可是也就只有一半。這次的變遷在一九七三揭開序幕後，進展速度飛快。

一九八九年初，杜拉克在新書《新現實》（The New Realities）裡「預言」，他堅持那不是預言，只是「剛好注意到」共產主義國家將面臨瓦解的命運。出版這本書的出版社與杜拉克合作四十多年了，這次卻破例要求杜拉克刪除這個過分大膽的預測。

曾任美國國務卿的外交學者的季辛吉，好心地提醒他：「我與你相識多年，我不想讓別人說你變成老糊塗了。」因為杜拉克不但預言蘇聯要瓦解，甚至說出：「我認為在未來五年內，德國統一的可能性極高。」季辛吉只能提醒他說：「聽著，彼得，到了你這樣的歲數，沒必要讓自己鬧出這種天大的笑話了。」

杜拉克對於這個世界，付出了他全部心力。由於他對於中西方的歷史、政治、社會、文化、經濟、教育、軍事戰爭史、藝術、科技以及企業史瞭若指掌。因此他能跳出世界的框框，以一個真正的「旁觀者」洞察世局變化、時代演變，而不是一般人剪剪報紙、看看現況、唸幾本著作就大言不慚地自吹自擂。

所以每當杜拉克發表他「剛好注意到」的事件時，人們一開始都愣住了，接下來一大批評論家都口徑一致地高喊：「杜拉克先生，您瘋了。」但杜拉克並沒有瘋，也沒變成「老糊塗」，相反的他還永遠保持一顆年輕、活力、敏銳、透視的心，直到九十二歲才離開教職，但寫作與諮詢個案依然不停，十足表現出他的生命力。

在人生的最後時刻，他還跟《杜拉克的最後一堂課》的作者伊德善女士說：「好，我累了，我不該這樣勞累自己。下次再來吧！我還會在這兒，哪兒也不去。」的確，他還活在我們的內心深處，一直陪伴著我們，哪兒也不去，永不離開我們。

要在結構性的運作中，而非單一的操作中

大量生產雖提高了生產力，卻扭曲了人性。

「流水線」也可被稱為「裝配線」，但在意義上都是一樣。在工業系統裡，有什麼的因素會讓人覺得無法安身立命，也無法滿足和自我實現呢？

標準答案就是在工廠裡面的流水線工作，尤其是現代化大量生產工廠裡的工人，因為工作時太過單調，剝奪了工人所有獲得滿足的機會。就像卓別林在默片《摩登時代》裡所大力諷刺的，這些工人僅能臣服於機器，卻缺乏手藝和工匠精神的工作實況。難怪會有專家這樣描述著：「只要不是低能，就不該在流水線上工作。」

杜拉克在《公司的概念》裡強調著：「具體地說，工業出產的流水線制度，在兩方面剝奪了工人的滿足感。第一、所有人都要配合流水線上動作最慢的人。第二，所有人都必須一再重複簡單的動作，剝奪了工人完成工作的滿足機會。」

他繼續寫道：「真正問題的源頭不是機械因素，而是社會因素；在大量生產的工廠，工人無法在工作中獲得滿足。他不是生產一項具體的產品，他通常也不曉得自己

在做什麼，更不知道為什麼要做這些事情。除了一分薪酬外，他的工作沒有意義。工人無法在工作中獲得自己是社會一分子的感覺，因為他在社會中沒有身分。正如社會學家所說的：『任何只為生存，而不為工作本身及其意義的工作者，都會自覺沒有社會身分』。」

後來杜拉克在《旁觀者》一書中繼續描述道：「一九四〇年代起，我已開始對科技與社會以及科技與文化的關係發生興趣。例如，流水線就是一種工具，但這工具對組織工作中的人和工作者之間的關係衝擊很大。後來，在那幾年的思考裡，我慢慢明瞭流水線不只是科技，更是有關工作本質的一種非常理論，高度抽象的概念。同時我也瞭解到，在這掌控一切，新的現實環境中，流水線雖處處可見，而且成為一種象徵，然而事實上卻只是生產過程中的一個小環節；流水線作業也只是生產力最小的一部分。科技為人類下定義，並影響人類對自己的看法，對人類所出產的產品，也具有相當大的衝擊。」

杜拉克親眼目睹通用汽車公司的汽車零組件的流水線作業時，有了這樣的感受與反省。為什麼工人在流水線上，如同一個沒有靈魂的工具，毫無尊嚴可言。既無自主性、又少了人性的尊重，以致毫無成就感、滿足感以及歸屬感，僅僅為了養家餬口，卻要賠上這麼漫長的作業時間。

流水線上的工人，每天要罰站八到十個小時，單調乏味還要聚精會神盯住零組件，才不會挨罵，真是苦呀！把人當成機械的一部分，甚至於是衍生的零件。難怪日本會大量研發機器人替代工人，這是何等的恩典啊？

工廠不是經濟實體，而是社會實體，對待工人要關注到他們的需求與需要，尤其工人的六個層面：

一、生理的層面：人類不是多用途的工具，更不是設計不良的機器工具。因此，人類最佳的工作狀態，必須是在結構性的運作中，而非單一的操作中。

二、心理的層面：工作既是負擔、也是需要；工作既是咒詛，也是賜福。因為失業會使人喪失自我尊嚴，工作是人格的延伸，是一種成就，是一個人定義自己與衡量自己價值的方式之一。

三、工作是社會連結，也是社群連結：工作能滿足個人歸屬於某團體，因為工作會帶來許多友誼、團體認同與社會連結。

四、生計與成本的衝突：工作是工人的生計，工作創造了經濟關聯，也產生了經濟衝突，這種衝突是無解的，當然必須接受。

五、做工的權力層面：在任何組織中做工，都隱含著權力關係。因為組織必須設計架構以及指派工作。

六、經濟的權力層面：工作影響了經濟分配的權力，但重新分配並不是經濟決策，而是政治決策，受到許多力量的影響與限制。

關於生產線在企業界最典型的案例，便是美國西方電器公司霍桑工廠的實驗。在一些實驗中，實驗者故意把工人的工作條件降低，讓工作方法更單調，但只要工人繼續感受到關注和認同，他們的生產力就會提昇、疲勞度也會降低，而且工作滿足感仍穩定提高。

另一個案例是英國的工廠工人，他們覺得自己的工作很重要、有成就感、有社會參與感、並感受到前所未有的自尊與驕傲感，因而工作效率提升，這是二戰後許多觀察家所看到的實證。

然而這些案例究竟是短暫現象，還是永久存在的事實呢？根據我們的瞭解，這些都有其他背景的種種因素，例如霍桑實驗的過程中，也許短暫有效，但久了還可以持續有效嗎？另外戰後的英國或德國的重建工作，也都是在當時的環境背景下所得的結果，在今天的歐洲工廠流水線上，工人們很難再有這樣的自尊和驕傲了。

權力是社會現實，但要有更高的約束力

對於明日，唯一能肯定的就是，它將與今日不同。

人的一生何等奇妙，有人因認識某人從此改變一生的研究路線；有人卻因被貴人相中而飛黃騰達；但也有極少數的人會因「一通電話」而改變了一生的志趣，也改變了一輩子的職業與一世的命運。

杜拉克想從政治學跳到另一個不同的領域時，班寧頓大學校長瓊斯，向杜拉克分析了轉換學術跑道的風險：「你的學術生涯將就此結束。你現在正處於一生中重要的轉捩點，你可以選擇朝經濟學領域發展，也可以考慮繼續研究政治理論。但如果你選擇了通用汽車，你在這兩個學術領域辛苦建立起來的聲譽，都將消失得無影無蹤。」

聽了瓊斯校長的建議，但杜拉克心中早已有定見：「我決定進入組織內部，在一個大公司裡面好好研究運作，瞭解組織如何成為整合人員、社會以及政治要素的一個機構。我曾嘗試以記者與投資銀行家的身分，與一些企業界人士會面，企圖進入大企業的內部。不過都被他們回絕了。其中一位是西屋電器公司的董事長，待人十分客氣；但一聽到我想進到他公司裡作研究時，他不僅立刻把我趕出去，必且嚴厲地交代他的下屬，不准我接近該公司的辦公大樓，還說我是布爾什維克人（意指共產黨員）。」

杜拉克接著又說：「我是不小心溜進或說是一頭栽進管理諮詢領域的。在一九四三年的聖誕節前後，我接到了『一通電話』，讓我從沮喪的情緒中振奮了起來。當時我已從紐約遷往班寧頓過冬，原本下決心要研究一家大型組織，就在我要快要放棄這個念頭時，我接到了這通電話。電話那頭傳來的是一名男子的聲音：『我是葛瑞特，是通用汽車公司公關部門的副總裁。我代表本公司副董事長布朗先生打這通電話給您。布朗先生想知道，你是否有興趣以本公司的政策及組織結構為對象，進行專題研究，供本公司做為管理依據。』當時家裡生計正發生困難，我當然未加考慮就接受了這項差事。但最重要的是，這項研究工作正好是我迫切想做的。對我來說，這簡直是上天的恩賜。」

杜拉克為什麼一心想進入大型組織內部進行研究呢？原因就是他在一九三九年的《經濟人的末路》完成後，又在一九四二年寫了《工業人的未來》。杜拉克試圖從歐洲百廢待舉、重建家園的廢墟中，找到人類的一大希望，因此他勾劃出工業人的未來道路、建構未來可能歐洲大陸的藍圖。

當時的英國首相邱吉爾，將這本書奉為「聖經」；十多年後，這本書也成為一九六〇年代日本工商業重建國家的指南。

杜拉克在《工業人的未來》中，試圖發展出一套基礎社會理論，包括有一般理論與工業社會的特殊理論。他主張真正保守主義所重視的應是社群，必須是也一直是要擺在最優先的位置。

書中杜拉克也提及個人的地位和功能，以及權力的正當性等關鍵概念。因為「正當性」是承認權力是一種社會現實，但卻要求權力必須以更高的約束力、責任、義務及共享願景為基礎。

社會要能健全地運作才行，必須讓國人擁有地位和功能。而且社會的力量必須具有正當性，為眾人接受。因此，工業社會將成為組織的社會，自然研究大型組織也就勢在必行。

杜拉克的這兩本著作，當時深受邱吉爾重視，自然也引起廣泛的回響。如果杜拉克以後想繼續朝政治學領域發展，前途也未可限量。因為連「美國政治學學會」所屬的政治理論研究委員會，也已聘請他擔任委員。

但杜拉克在聽完了班寧頓大學校長瓊斯一番勸導之後，發現在一個營利組織裡做研究，唯一的好處就是它是全世界規模最大的企業，但也因此受到正統學術界人士的蔑視。更糟的是杜拉克到紐約市立圖書館查遍所有相關資料，幾乎找不到任何探討企業管理的書籍，他對自己的無知並不感到驚訝，卻是對所有人的無知感到驚訝，因此最終他還是踏入了這個完全陌生的管理學。

至於布朗先生為何會找杜拉克到通用汽車公司研究公司的政策和結構兩大課題？主要原因也就是在閱讀《工業人的未來》一書後，布朗覺得杜拉克的想法和他頗能產生共鳴：杜拉克極為重視企業組織行使的權力，以及企業組織在社會中扮演的角色；而布朗與其他高階主管，也十分用心探究戰後通用汽車公司應如何管理員工。

杜拉克接受通用公司的任務，是撰寫一份供公司內部人員參考用的研究報告書。但杜拉克立即就發現此舉行不通，因為員工會把他當作是高層的秘密偵探。於是他向布朗報告：「沒有人會願意告訴我任何事情。」

布朗問說：「那麼有沒有任何方法，可以改變這種情況呢？」

杜拉克說：「有的，而且很容易。我只要告訴員工，我是為了寫一本書而蒐集資料就行了。因為這個國家的人民，每一個人都樂意幫助作家。」

就這麼簡單，杜拉克與布朗敲定了合作計畫，這「一通電話」決定了杜拉克一生的命運，使他成為「管理學」的教父。

我們不缺錢，缺的是要有人去做

不用擔心世界出了什麼問題，而該思考做那些事情才能挽救。

「環保」是環境保護的縮寫。環境之所以要保護與愛惜，是因環境已日益惡化，受到了破壞。而罪魁禍首絕不是其他動物，就是人類。

人類為了獲取更大的利益和享受，不惜傷害大自然環境。例如過度開發、工廠污染、砍伐森林、排放二氧化碳，享受高科技帶來的便利，人類就不自覺成了破壞環境的共犯。更諷刺的是高舉「環保」布條的抗議者，活動結束後卻留下了大批的垃圾。

杜拉克一九七一年曾以「環境的政治學和經濟學」為題，在克拉蒙特學院的年度演講時說道：「我稱得上是環境保護的先驅，大約在一九四七年到一九四八年，我在佛蒙特州班寧頓的一間小型女子學院教書，當時我就首率風氣之先，開了一門有關環境的課程。結果不但無人報名，也找不著相關的教材。在當時呼籲不要大肆破壞自然，還是一件匪夷所思的激烈想法。」

為了準備這個講稿，杜拉克打電話給國會圖書館的朋友，問他：「到目前為止，美國國會和各州，通過多少個環境相關法案呢？」杜拉克心想最多六十個法案，但答案竟然是三百四十四個。但杜拉克追問：「全都有編預算嗎？」「沒錯，都有預算。」杜拉克接著又問。「那麼全都有編列人員來執行預算嗎？」他卻回答：「別再問這個蠢問題了。」

講演中杜拉克提及：「順便談談我心中的優先順序。我認為清淨的空氣最重要，其次是乾淨的飲水，然後是能源所產生的溫室效應，最後則是糧食問題。我們經常陷入進退兩難的局面。如果不使用殺蟲劑和除草劑，幾百萬兒童會因為糧食短缺而餓死；但殺蟲劑和除草劑的藥性頑強，對於生態和生物會又造成難以抹滅的傷害。長期而言，這是人類所面對最棘手的問題，但是迄今無人正視。」

杜拉克可說是環保的先驅者，從他為了蒐集資訊的能力上就能發現，首先他找對了人，他找到國會圖書館的工作人員。其次他又問對了問題；第一個先問有多少個環境相關法案，接著問有沒有編預算，最後問有沒有人手去執行。

杜拉克對問題的本質或本質的問題，都掌握得十分精準。他心中的環保議題是「清淨的空氣」最為優先，其次才是乾淨的飲水，第三是有關能源所產生的溫室效應，最後則是糧食問題。可是我們大多數國家所關注的議題，竟然是剛好相反，先是糧食問題，其次則是如何節能減碳，再來是乾淨的飲水，最後才想到清淨的空氣。

事實上若能先著手於清淨的空氣品質，就能降低溫室效應的威脅，甚至逐漸好轉，根本解決問題的本源。

領導者必須執行的「三人法則」

> 領導者在就任後三年內，要找出至少三位跟他能力相當或是比他更優秀的接班人。

「價值觀」是一個人對什麼才感到有價值的看法。有的人要的是升官發財；有的人只要平靜安穩；有的人要名利雙收；有的人卻什麼都要；甚至還有人根本不知道自己真正要什麼。但絕大多數的人，卻很少想過自己到底不要什麼。

因此，我們培植人才首先要能釐清一個人的「核心價值觀」，若彼此清楚認知，就只有陷入內耗、內爭、內鬥的漩渦裡，團體會因此衰敗，個人也同蒙其害。

杜拉克與奇異電器公司的執行長寇帝南，不僅群策群力完成了經營藍皮書，也創立了克羅頓威爾學院，在這段過程裡，杜拉克學到了「三人法則」（The three officers rule）。這項法則就是：「一位負責任的執行長，應該要催促自己，在就任後三年內，要找出至少三位跟他能力相當或是比他更優秀的接班人。」另外除了執行長之外，所有經理人都應該要對明天的事情未雨綢繆。

杜拉克認為培養經理人的首要原則，必須著眼在整體管理團隊的發展。其次，經理人的培養必須是動態的，永遠以明日的需求為主。經理人在管理上有很多細節會影響到他的表現，包括他如何管理自己的工作，與上司、部屬的關係，以及組織本身崇尚的精神和結構。

杜拉克曾說過：「執行長上任的第一天，就要寫下接班人是誰。」這的確是不可思議的思維與作法，為什麼要這麼思考呢？因為這是執行長該做而且必做的工作，上台的第一天工作便是誰是我的接班人，目的是在避免管理風險，尤其是企業的風險與危機，不要因執行長有任何狀況而出現失控。

其次是要重視接班人的栽培，培植人才成為永續經營的組織領導。強人後遺症往往是強而有力的領導者一旦離開組織後，組織很快就渙散，甚至崩解。因為他不願栽培人才，提攜後進，總以為自己不會死，這樣不提拔人才，不栽培接班人，就是最糟糕、最差勁、最不負責任的領導者。

杜拉克自創的「三人法則」，在奇異電器集團裡產生化學效應，因為在三年內培植三位接班人，那麼一任執行長任期若是二十年，至少就要栽培出二十位接班者了。這樣一來，累積了不少CEO的儲備人才，自然就形成良性的循環。

由於上行下效的擴散效應，任何經理人也都這樣落實「三人法則」，這樣的整體管理團隊發展，就會朝向績效、朝向貢獻，同時激勵屬下、督促上司，讓組織活化、累積動能、蓄力創勢、追求卓越。

以客戶的角度檢視自己所做所為

要問對問題前，必先問一些愚蠢的問題。

所謂「愚蠢的問題」，往往都是不容易回答的問題，也通常不見得會去思考的問題。正因為如此，問題就不易被察覺、被發現，自然機會便隱而未現。

因此，愚蠢的問題往往會被忽略，不論是組織內部的問題，如員工、技術、專業、跨部門、流程、組織氣候以及企業的文化等等。或是企業的外部問題，如誰不是我們的客戶、我們不跟誰打交道、不與誰合作；我們的競爭者是誰，我們可能的未來機會在哪、我們到底在賣什麼等等。

有家專門生產瓶子的工廠，聘請當時年輕的杜拉克擔任顧問，董事長與他寒暄之後，立即請廠長帶著他到廠區去實地走訪，瞭解整個生產的流程與品質控制。待回到董事長辦公室之後，杜拉克卻問了一個十分愚蠢的問題：「貴公司是做什麼的呢？」董事長卻給問倒了。過了一會兒，他卻十分驚訝地瞪著杜拉克，接著回道：「我們是在製造裝液體所用的瓶子。」

杜拉克顯然不滿意他的回答，再問：「你們是在做什麼事業呢？」董事長很不悅的回應：「我們是在賣瓶子（Bottle）。」結果杜拉克卻反駁道：「你們不是在賣瓶子呀！」此時董事長有些冒火了，就質疑：「那麼請你來告訴我，我們到底在賣什麼呢！」杜拉克不疾不徐地說：「你們不是在賣瓶子，而是在做包裝（Package）生意。」

董事長愣住了，像觸了電一般，全身頓覺無力，不久後才醒悟過來才大喊：「大師！大師！我該付給你兩倍的酬勞，因為我做了十六年七個月，居然不曉得自己在做包裝生意。」杜拉克就如老禪師般點醒了董事長，讓他茅塞頓開，像踢斷了董事長座椅的四條腿，好讓他重新站起來思考這個極為嚴肅的課題：到底我們的事業是什麼？

接下來這家公司重新定義市場、重新定義公司，成為一家全球最大、最具前瞻性的「利樂包裝股份有限公司」（Tetra Pak Inc.）。

其實杜拉克真正的工作不是解決問題，而是「問問題」。高效能的杜拉克深知唯有在「問對問題」後，才有可能有正確的替代方案，而不是唯一的答案。

要「問對問題」，就不能假裝自己很懂、具有洞察力，而是要向一個天真無邪、充滿好奇的六歲小朋友一樣，提出一連串的「愚蠢問題」，使得對方答不出來、甚至於啞口無言、深受震撼。如此一來，高效能的杜拉克才能以其客觀而超然、冷靜而務實，加上自認為「自己剛好注意到」的超人能耐，立即抓住問題的核心，給對方一記當頭棒喝，讓對方提出了「對策」，解決未來的莫大商機問題。

所以，杜拉克要我們「問問題」，尤其是對於自己所經營的組織，必須問：「我們的事業是什麼？我們的事業將來是什麼？以及我們的事業究竟應該是什麼？」這三個經典問句。對這些問題提出可能的答案，是高階經營者的首要責任。因為只有他們才能夠確保所有員工注意這個問題，而且提出合理的答案，使企業得以根據這個答案籌謀經營方針，設定目標。

在這個過程中，需要有反對的意見。唯有透過以不同觀點為探討的基礎，才可能找出正確、有效的答案。這個抉擇永遠具有高風險，它會導致目標、策略、組織與行為的改變。杜拉克要利樂包裝公司董事長，不要只一心想著怎樣賣瓶子，而是要去深思顧客要的是什麼

利樂包裝公司從此不僅是鎖定可口可樂或百事可樂這幾個大客戶而已，更以使用者為終極的目標客戶群。因此，利樂公司只有一個重心、一個出發點，那就是顧客、使用者，意即要由使用者來定義利樂包裝公司才是。使用者尋找什麼、想什麼、相信什麼以及期望什麼，這些都是高階主管必須接受的客觀事實。因而必須盡一切努力，從使用者那兒得到答案，而不是試圖猜測使用者的想法。

使用者只想知道什麼產品或服務對他有助益，他真正關心的是自己的價值、需求與事業，那就是「便利與喜愛」，所以利樂包裝公司賣的是「包裝」。這個答案正是從使用者的事實、狀況、行為、期望以及價值著手，從此創造了一個不可思議的市場。

企業應拜非營利組織為師

人可以祈禱奇蹟出現，但要腳踏實地的工作才有績效可言。

人不能花一輩子祈禱而不去工作。古時候的人或許還可以遁入空門、進入靈修境界，視靈修為一切。

但這種寄望神蹟的出現，不是可能不可能的問題，而是負責任不負責任的做法。這種離群索居、獨善其身的求道方式，只是逃避卸責；身為人類的我們，必須腳踏實地的幹活、辛勤努力的工作才會有績效可言。

杜拉克在一篇刊於《哈佛商業評論》的文章中如此描寫：「女童子軍、紅十字會與基督教會等非營利組織，逐漸成為美國管理實務的領導者。這些組織在策略制訂與董事會績效方面，做到了大多數美國企業做不到的事情；在激勵與確保知識工作者的生產力方面，他們也是真正的管理先驅，足以作為企業的典範。」

美國的非營利組織之所以成為企業的標竿，管理的先驅者，關鍵在於他們實踐管理、身體力行，而且確實體現了四方面的績效：

一、目標精確：非營利組織將使命中的誓詞，轉換成為更精確的目標，讓目標成為聚焦的力量來源。

二、積極熱情：由於使命透過目標轉換成為個人與組織的凝聚力，進而導入管理，使每個人都散發出光和熱，激勵著團隊的士氣和績效表現。

三、績效卓著：尤其人對了、事情就成了，績效自然就垂手可得。

四、董事會的有效運作：如今許多非營利組織的董事會，都在正常地運作，這一點連企業都很難做到。更難得的是，這些非營利組織都有一位「執行長」，他們不僅負有明確的職責，工作績效也要交由董事會，進行一年一度的績效檢討。

同樣難得的是，董事會本身的績效，每年也要做一次總檢討，以便瞭解是否達成本年訂定的績效目標。因此，有效運用董事會的功能，成為企業界應該向非營利組織學習的重要功課。

杜拉克在非營利組織裡花了大量的時間與精力，投入了領導和管理，造就了無數的人才與眾多的成功典範。但杜拉克本人並不認為這是自己的功勞，反而輕描淡寫的一筆帶過；這種「為善不欲人知」與「成功不必在我」的胸襟，恰恰驗證了他是非營利組織執行長的典範。

杜拉克對於人性的懦弱與貪婪十分明白，他認為身為非營利組織的負責人，更容易陷入個人魅力與自我迷戀，最後到了無法自拔的境地。因此他點出了「領導」的關鍵，並不在於領袖的魅力，而是組織的「使命」。因為僅專注於個人魅力，將使領導者走上偏執的不歸路。

身為非營利組織的領導者，職責只是要將「使命」的內容和精神，轉換成更精確的目標。因為組織的使命才是永存的，甚至負有神聖的任務；但目標則僅是暫時性的，要隨著外在的社會變遷與機會而改變，就像女童軍總會要增設幼女童軍一樣。

另外杜拉克也觀察到非營利組織的領袖，絕大部分都是「捐款大戶」，董事會也期待他們募到更多款項。事實上，由於董事的投入，跟執行長發生齟齬的機率就特別高。執行長抱怨董事會「干預」事務；董事會成員則抱怨執行長企圖「奪權」。

這一現象已迫使非營利組織的成員，體認到這項事實：其實董事會與執行長都不是「真正的老闆」；雙方仍是同事的關係，為了追求同一目標而一起努力，雙方只是任務性質不同而已。

因此，執行長與董事們該界定各自的任務。組織能否有效地運作，重點不在它本身的功能，而是在能否有效地分工，要讓董事會與執行長分工合作，這才是非營利組織的重大成就。唯有解決長期而根本的問題，才是致勝之道。

傾聽顧客的聲音，要如同聆聽上帝的聲音。

正確的領導者總是做出正確的抉擇

大多數的組織嚴格說來並不缺效率，欠缺的是「效能」。策略面失焦了，往往投入人力、物力再多，最後也是白費心思。然而，還是有極少中的少數組織是成功的，原因他們是能在高度競爭的環境中異軍突起，又能長期存活下來。

事實上，管理者最難達到的境界，就是「判斷力」的精準，亦即「決策」的有效性，以及團隊的營運實力，加上強而有力的執行力。

杜拉克協助教會的發展不遺餘力，正如在《杜拉克精選——管理篇》中寫的：「位於伊利諾州芝加哥城外南巴靈頓市的柳溪社區教會（Willow Creek Community Church），已成為全美最大的教會，經常來教堂聚會的教友多達一萬三千名。

但這家教會僅有十五年歷史。當時年僅二十多歲，決定在南巴靈頓市創立一個新教會的比爾・海伯斯（Bill Hybels），就是看重當地的發展潛力：儘管當地教會的數量已經不少了，但經常來教會聚會的人卻不多，而且當地人口數正快速增加中。

海伯斯開始挨家挨戶去詢問當地居民：「你為什麼不去教堂聚會呢？」根據這些回答，海伯斯開始著手蓋了一座恰好能解決當地居民問題的教會。例如這家教會在週三晚上，提供全套的主日學課程。那是因為許多家庭的父母親，平常白天要上班，必須把週日上午空出來陪小孩。

除此之外，教會成立之後，海伯斯繼續傾聽教友的心聲，並且做出回應。例如牧師在台上講道時，同工們就在台下幫忙錄音，待牧師證道完畢後，許多卷錄音帶也錄製完成。當教友步出會堂，即可隨手取走一卷錄音帶，供它們在車上反覆聆聽。

海伯斯這樣做的原因，是因為有人反應說：「我希望在開車回家或上班的途中，能再次聆聽牧師的教誨，以便能切實身體力行。」

另外海伯斯也聽到這樣的意見：「牧師總是在宣揚改變生活的大道理，卻沒有告訴我們要如何做。」於是每當海伯斯佈道完畢後，一定會提供一些具體可行的建議。

經營一間教會，也需要界定明確的使命，提醒人們跳出組織既有的框框往外看；不僅要看「教友」，也要看衡量成功的標準。非營利組織常出現這樣的情況：執行長訂定了良善的宗旨，就以為一定能創造出好的結果，久而久之就自滿起來。

一間教會能在十五年間就擁有一萬三千名的教友，成為全美最大的教會，而且至今還在日益茁壯中，證明了正確的領導者，總是做出正確的抉擇。

領導者的首要工作，就是讓號角響起

領導要做對的事，管理只求不出錯。

「領導」（Leadership）的任務就是要做對的事，那麼衡量一件事情的對與錯或好與壞，肯定要以結果來做判定的標準。

若自己認為明明是做對了事，但因運氣不佳，只是碰到金融海嘯，所以才失敗了，這不是我的錯，不該把賬記在我頭上。這樣的說詞根本沒有說服力，也站不住腳。一位負責任的領導者絕不推諉，絕不找任何藉口，必會一肩扛起所有的責任。

領導者一旦達成任務，也只會把功勞歸於「我們」，這種作風才可以創造出「信任」；也唯有信任，領導者才會有一群忠心追隨的人。

二〇〇四年杜拉克在接受《富比世》網站專訪裡，撰述者介紹他是當今第一位，早在五十年前就提到「領導力」的管理學作者。自此之後，他認為有太多注意力被放在領導力，但是對「效能的關注顯得不夠」；為了驗證杜拉克的論點，我們上亞馬遜網路書店的書籍搜尋，輸入領導力，果然有近三十萬筆的資料，可見其市場接受之高，已達到了難以想像的地步，造成了供應過度的狀況。

杜拉克則一針見血地指出：「有效領導的根本，是深入思考組織的使命，且清楚明確地定義它，以及執行它。」對於領導與管理的差異，杜拉克只用十多字就說完了：「管理只求不出錯，但領導是要做對的事。」

杜拉克強調：「領導經由品格而展現，有品格才能夠以身作則。」這一點他很早以前就明白指出，品格不是一種學習或能力，一旦領導者品格有了瑕疵，就永遠無法彌補，總而言之，真正的領導者除了要有遠見，也要有道德責任。

杜拉克深入指出：「領導者要能設定目標、事情要有先後次序，還要能訂定與維持標準。當然，他也會有妥協的時候；事實上，有效的領導者深知，他們並不是萬物的主宰；但是在妥協之前，他們會仔細思考什麼是對的、什麼是要追求的。領導者的首要工作，就是讓號角響起。」

杜拉克最後說道：「一位領導者最可惡的地方，就是當他離開或過世時，組織也跟著結束；這在史達林過世時的蘇聯發生過，也經常發生在各類型的公司。一位有效能的領導者要知道，領導力最終在考驗的，是人類能量與視野的生生不息。」

其實杜拉克早在一九四七年就已寫道：「領導當然很重要。但領導卻跟目前大家極力標榜的有所不同。領導跟領導的特質無關，而且跟領袖魅力更沒有關係。領導一點也不稀奇、不浪漫、而且還很無趣。領導的本質就是績效。」

領導本身沒有什麼善良或魅力可言。領導只是一種手段。因此，這項手段的目的何在？就是很重要的問題。因為魅力已經變成領導者的禍根，它讓領導者沒有變通性，認為自己絕不會犯錯，所以也不需要改變。

因此，領導是一項工作，必須腳踏實地、苦幹實幹的工作；這是聰明的工作、有智慧的工作，更為重要的是有績效的工作。但當被問道誰是真正的領導者是誰呢？杜拉克毫不猶豫地說：「杜魯門總統。」

為什麼杜拉克特別鍾愛杜魯門總統呢？他指出：「杜魯門是在毫無準備的情況下，當上美國總統的。他的名言是：『責任止於此。』意即一肩扛起責任，停止競選活動，這是千古不易的領導定義。」

杜魯門總統在波茨坦會議中了解到，外交應該是美國的首要任務。因他深為邱吉爾與史達林所震撼，他們兩位領袖所知道的，比起他多得太多太多了。於是杜魯門為自己規劃了一個學習計畫。他時常向馬歇爾將軍請益，而且每天固定與助理國務卿（外交部次長）阿契森討論。所以杜拉克說：「我永遠投杜魯門一票。」

問題的答案永遠在「顧客」身上

經營企業唯一正確而有效的定義，就是「創造顧客」。

「顧客」（Customer）就是購買產品與服務的客戶。從英文單字不難看出Customer原來是兩個單字的結合，意即一個習慣的人。

也就是說，從一個潛在客戶到真正的購買者，最終成為忠實的使用者，甚至是見證者，進而成為推薦者。因此，「創造客戶」就是企業要能創造一群源源不斷、生生不息的愛用者、見證者以及推薦者，就像哈雷機車的粉絲、蘋果電腦的追捧者。

杜拉克很早以前就以洞察到，除了專制獨裁者所控制的組織之外，組織成立的唯一理由，就是因為外界的「顧客」而存在，此外別無其它理由。這一偉大的洞見，也成為他一生著作的核心概念。

杜拉克認為「企業經營唯一正確而有效的定義，就是創造顧客」，而不是「創造利潤」。創造利潤很容易誤導自己，形成不擇手段或投機行為的發生。杜拉克強調「利潤」是做對了最好的一堆事情以後的必然結果。

杜拉克進一步強調：「我們公司的核心競爭力是什麼？我們的顧客為什麼要付我

們錢？他們為什麼跟我們買產品？世界已經變成了一個競爭、非壟斷的市場，在這樣的市場上，顧客絕對沒有理由非買你的產品或服務不可。他付你錢就是因為你給了一件對他有價值的東西。是什麼東西讓我們的顧客願意花錢購買？你也許認為這是一個簡單的問題，但並不是。」

「再一件是要記住，必須花足夠的時間和努力，在公事以外的事情上。一家企業當中，或是大型組織裡，存在著一個很大的危機，那就是你會消失於其中。它會將近吞沒吸收，以致你把你所有的時間、經歷、能力全部花在內部問題上。」

任何組織，尤其是企業，績效都在公司外部。你不只要知道顧客在哪裡？也要知道非顧客在哪裡？即使貴公司是業界的翹楚，也很難佔有三分之一以上的市場，這表示有三分之二的潛在顧客，還沒有購買你的商品。你應該要確定自己有足夠的時間，去觀察這些非顧客。為什麼他們不購買你的商品？他們的價值觀為何？他們的期望又是什麼？所有的答案卻都在顧客身上，尤其是在非顧客身上。」

杜拉克舉出一個實例，多年前有一個人建立了一家全球大企業，那時正是醫學界發生重大變化的時刻，大多數醫師已從個人開業變成去中大型醫院就業。那家企業從一家很小的公司開始，到後來變成了一家跨國的大公司，始終有一項簡單的規定：就是每一位主管每年要花一個月時間，瞭解公司外部事務。

這家公司每當有業務人員休假時，就會有主管代班，每位主管一年至少代班兩次，每次兩週，然後打電話拜訪客戶，銷售商品給客戶，並將新產品行銷到醫院市場上，結果是該公司對於快速變遷的市場瞭若指掌。這樣能保持你和外界的緊密關係，如此你才不必仰賴報告的數據，或是財報的數字。

另外杜拉克也舉了其他例子，他跟一些全球最大的工廠、製造商和消費品經銷商都合作過。他們有兩個顧客群，一是零售商，另一群則是家庭主婦。他們付錢要買什麼？這個問題至今杜拉克已問了一年。他不知道世界上有幾家公司在製造香皂？但肯定很多。他也不知道這一種香皂和另外一種香皂之間的差異在哪裡？

那麼為何購買者會有自己的偏好？而且還很強烈呢？那塊香皂為何吸引顧客？為什麼在美國、日本或在德國的顧客，明明貨架上還有其他的香皂，顧客為什麼就願意購買這家工廠的產品？甚至通常連看都沒有看，而是伸出手就拿起那塊香皂。為什麼？她看到了什麼？她想要的是什麼？

其實找出「答案」最佳的方法，並不是用問卷調查，而是跟顧客坐下來好好找出「答案」。杜拉克為了強調他的觀點有效，還補充道：「就我所知，世界上最成功的零售商連鎖店，那是一家位於愛爾蘭的小公司。這家公司在美國、英國擁有很多超市，老闆每週抽出兩天的時間，在公司的店面裡服務顧客，從肉類專櫃到收銀台，他都在第一線服務。甚至會幫顧客將商品放在購物袋裡，或是把購物袋提到顧客的車上。因為他要瞭解顧客付錢買了是什麼？

設定目標前要先決定能承受那些風險

管理改變了這個世界，目標卻決定了組織的命運。

「目標」不是山頭，而是指揮官。攻佔山頭是錯誤的命題，指揮官才是真正的敵人，這往往是軍事戰爭史上常犯的錯誤。

然而在今天的商場上也是如此，在本質上實無兩樣，有些企業只會一心想著擴大成果，提高市佔率，卻忘了我們的顧客是誰？應該是誰？僅想做大市場、在市場上作老大，卻不想做強，成為具實力的強者。

在目標設定時，必須先釐清哪些不是我們的客戶，我們不跟誰打交道，我們可能承受的風險是什麼。如此一來，我們便能承擔正當而可能的風險了，接著才可以做目標設定。

杜拉克在《管理學：使命、責任與實踐》書中寫道：「一家公司訂定的目標，必須從回答『我們的事業是什麼，將是什麼和究竟應該是什麼』這些問題的答案裡衍生出來。目標不是抽象的東西，而是公司承諾要採取的行動，藉以實踐企業使命，亦可做為衡量公司將來績效的標準。換言之，目標是企業的基本策略。」

「我們的事業是什麼？」這個問題，只能從公司以外，從顧客與市場的觀點來看，才能找到解答。亦即我們要從顧客的現實、處境、行為、期望與價值為出發點。領導者要為了因應未來的變數與變化，要重視人口的轉變，亦即人口的統計學與人口重心的結構變化。

企業必須先創造顧客，因此企業最先需要訂定「行銷目標」。其次，企業必須創新，否則將被競爭者所淘汰，企業必須訂定「創新目標」。再來，所有企業都須依賴經濟學家所謂的生產三要素，就是人力資源、財務資源與土地資源（實體設備資源）。

因此，企業必須針對這些資源的供應，運用與發展，分別訂定目標。此外，企業如果要生存，必須有效率地運用這些資源，並持續提昇它們的生產力，因此需要訂定「生產力目標」。另外企業身處社會與社區，必須需履行其社會責任，或至少負起它對環境影響的責任，因此也需要針對「社會層面」訂定相關目標。

最後就是「利潤目標」，利潤不是一個目標，而是一種需要。「目標管理與自我控制」要求的是自我規律，它強迫經理人高度要求自己。因而目標管理與自我控制，使得經理人要以公眾為目標，以更嚴格、更精確、更有效的內在控制取代外部控制；激勵經理人採取行動，不是因為某人要求或勸他做什麼，而是因為目標任務的需要。他採取行動不是某人希望他如此，而是因為他自己決定要如此。換言之，他以一個自由人行動。

然而，目標管理與自我控制可稱為是一種管理的哲學，它根植於管理團隊的特殊需求分析，以及經營團隊面對的阻礙。它仰賴人類行動、行為以及激勵的觀念。最後，它通用於每個經理人，不論他的階層或是功能；適用於任何組織，不論規模是大是小；它藉由目標需求轉為個人目的，以確保績效，這才是真正的自由。

在杜拉克所有的管理概念創見中，影響最深、最久的要算是「目標管理」，而且影響並不侷限於企業，也涵蓋了各類型組織，包括政府單位、非營利機構、非政府組織，第四部門（政府單位外包）以及家庭等社會組織，都能應用此一概念。歸納杜拉克的管理思想有三大特色：

一、自由的原則：自由，也就是負責的選擇，這個原則主張每人都對自己和對整體績效負責（內、外在責任）。

二、動態系統的觀念：杜拉克的管理思想是由社會整體來看的，視組織為一個存在於社會中的有機體。他主張的管理要將功能、目標與任務定在一起，這種作法表示他以系統觀念為基礎。

三、重視創新：杜拉克認為創新是社會運作的基本法則，宇宙的秩序是創新，而非循著固定的因果律而運作，因此管理的首要功能之一便是創新。

杜拉克認為除非先擁有目標，否則不可能從事管理；但如果目標只是經理人的意願，這種目標將無任何價值。目標必須轉化為工作。而工作總是具體的，是明確、不模稜兩可、必須有可衡量的成果、某個期限，或負有一定責任的工作指派。

目標總是根據人的期望，而期望充其量只是根據有限知識所做的猜測。目標是經理人依據相關因素所做的綜合評估，這些因素大部分不在企業內部，也不是企業所能控制的。所以杜拉克才會說：「目標不是命運，而是方向；目標不是命令，而是承諾；目標不能決定未來，而是用來創造未來的手段。」

目標不是數字，數字容易造成誤導，以為數字大於一切，數字會說話；目標更不是唯一的，目標既不是利潤目標，也不是營業額目標；而是要確認顧客是誰，應該是誰。更精確地說，目標應該為了「創造顧客」而來。而且創造顧客，要在行銷、創新、人力資源、財務資源、實體設備、生產力、社會責任以及利潤需求這八個領域裡設定目標。

所以杜拉克二〇〇三年在克拉蒙特的演講中指出：「我要提醒一句，我在《彼得・杜拉克的管理聖經》（The Practice of Management）中提出「平衡記分卡」的概念。其實目前哈佛那些人從來沒聽過我的提議。平衡記分卡的重要性不在於個別項目，而在於他強迫管理階層的人，從不同的角度去看待他所管理的組織。」

文經社
文經文庫 A290
彼得·杜拉克的管理DNA

作　　者 — 詹文明　　　文字整理 — 管仁健
發 行 人 — 趙元美
社　　長 — 吳榮斌
編　　輯 — 管仁健．張怡寧
美術設計 — 龔真亦
出 版 者 — 文經出版社有限公司
登 記 證 — 新聞局局版台業字第2424號

業務部
地　　址 — 24158 新北市三重區光復路一段61巷27號8樓之3
電　　話 — (02)2278-3158
傳　　真 — (02)2278-3168
E – mail — cosmax27@ms76.hinet.net
郵撥帳號 — 05088806 文經出版社有限公司
印 刷 所 — 松霖彩色印刷有限公司
法律顧問 — 鄭玉燦律師 (02)2915-5229

定　　價：新台幣 300 元
發 行 日：2012 年 10 月 第一版 第 1 刷
2021 年 08 月 第 4 刷

文經社網址http://www.cosmax.com.tw/
www.facebook.com/cosmax.co 或「博客來網路書店」查詢文經社。

國家圖書館出版品預行編目資料
彼得·杜拉克的管理DNA / 詹文明 著.
--第一版. --台北市：文經社，2012.10
面；　公分　--（文經文庫；A290）

ISBN 978-957-663-677-6　（平裝）
1. 管理科學　2. 通俗作品

494　　101018013